空间机器人系列

空间机器人总论

Introduction to Space Robotics

陈钢 梁常春 编著

人民邮电出版社
北京

图书在版编目（CIP）数据

空间机器人总论 / 陈钢，梁常春编著. -- 北京 ：
人民邮电出版社，2021.4（2023.1重印）
（国之重器出版工程. 空间机器人系列）
ISBN 978-7-115-55993-7

Ⅰ. ①空… Ⅱ. ①陈… ②梁… Ⅲ. ①空间机器人
Ⅳ. ①TP242.4

中国版本图书馆CIP数据核字(2021)第037855号

内 容 提 要

本书是基于作者多年来从事空间机器人技术研究工作的经验总结。全书共6章，首先介绍了空间探索发展历程及其所包含的空间探索任务种类与关键技术，阐述了空间机器人在空间探索任务中所扮演的重要角色，进而总结梳理了典型空间机器人系统及其发展现状，在此基础上对空间机器人的设计、规划与控制技术、测试等相关知识进行了重点介绍，最后结合现有研究和未来空间活动需求对空间机器人的应用前景作了相关展望。

本书既可作为高等学校相关专业高年级本科生以及研究生的教材，也可作为从事空间机器人技术研究及应用的研发人员及工程技术人员的参考书。

◆ 编　　著　陈　钢　梁常春
　责任编辑　刘盛平
　责任印制　焦志炜
◆ 人民邮电出版社出版发行　　北京市丰台区成寿寺路 11 号
　邮编　100164　　电子邮件　315@ptpress.com.cn
　网址　https://www.ptpress.com.cn
　固安县铭成印刷有限公司印刷
◆ 开本：720×1000　1/16
　印张：12.25　　2021 年 4 月第 1 版
　字数：226 千字　　2023 年 1月河北第 5 次印刷

定价：99.80 元

读者服务热线：(010)81055552　印装质量热线：(010)81055316
反盗版热线：(010)81055315

《国之重器出版工程》
编辑委员会

专家委员会委员（按姓氏笔画排列）：

于　全	中国工程院院士
王　越	中国科学院院士、中国工程院院士
王小谟	中国工程院院士
王少萍	“长江学者奖励计划”特聘教授
王建民	清华大学软件学院院长
王哲荣	中国工程院院士
尤肖虎	“长江学者奖励计划”特聘教授
邓玉林	国际宇航科学院院士
邓宗全	中国工程院院士
甘晓华	中国工程院院士
叶培建	人民科学家、中国科学院院士
朱英富	中国工程院院士
朵英贤	中国工程院院士
邬贺铨	中国工程院院士
刘大响	中国工程院院士
刘辛军	“长江学者奖励计划”特聘教授
刘怡昕	中国工程院院士
刘韵洁	中国工程院院士
孙逢春	中国工程院院士
苏东林	中国工程院院士
苏彦庆	“长江学者奖励计划”特聘教授
苏哲子	中国工程院院士
李寿平	国际宇航科学院院士

李伯虎　中国工程院院士

李应红　中国科学院院士

李春明　中国兵器工业集团首席专家

李莹辉　国际宇航科学院院士

李得天　国际宇航科学院院士

李新亚　国家制造强国建设战略咨询委员会委员、中国机械工业联合会副会长

杨绍卿　中国工程院院士

杨德森　中国工程院院士

吴伟仁　中国工程院院士

宋爱国　国家杰出青年科学基金获得者

张　彦　电气电子工程师学会会士、英国工程技术学会会士

张宏科　北京交通大学下一代互联网互联设备国家工程实验室主任

陆　军　中国工程院院士

陆建勋　中国工程院院士

陆燕荪　国家制造强国建设战略咨询委员会委员、原机械工业部副部长

陈　谋　国家杰出青年科学基金获得者

陈一坚　中国工程院院士

陈懋章　中国工程院院士

金东寒　中国工程院院士

周立伟　中国工程院院士

郑纬民 中国工程院院士

郑建华 中国科学院院士

屈贤明 国家制造强国建设战略咨询委员会委员、工业和信息化部智能制造专家咨询委员会副主任

项昌乐 中国工程院院士

赵沁平 中国工程院院士

郝　跃 中国科学院院士

柳百成 中国工程院院士

段海滨 “长江学者奖励计划”特聘教授

侯增广 国家杰出青年科学基金获得者

闻雪友 中国工程院院士

姜会林 中国工程院院士

徐德民 中国工程院院士

唐长红 中国工程院院士

黄　维 中国科学院院士

黄卫东 “长江学者奖励计划”特聘教授

黄先祥 中国工程院院士

康　锐 “长江学者奖励计划”特聘教授

董景辰 工业和信息化部智能制造专家咨询委员会委员

焦宗夏 “长江学者奖励计划”特聘教授

谭春林 航天系统开发总师

前　言

随着空间探索领域的不断深入，人类将目光从认识空间环境，逐渐转向开发和利用空间环境及资源。开展空间探索任务是开发和利用空间资源、探索人类新的活动领域以及探索宇宙起源的重要途径。空间机器人因自身具有高度智能性、自主性以及灵活机动性，被广泛应用于空间探索任务中，成为辅助甚至替代人类执行空间探索任务必不可少的智能装备。

空间机器人设计是其研制的起始阶段，其设计性能的优劣将影响后续的研发及应用，因此在设计阶段需将空间机器人应用要求转化为对空间机器人功能/性能的指标要求，以此指导空间机器人整体及子系统的详细设计与研制；为保障空间机器人安全顺利地执行各类空间探索任务，需研究其规划与控制技术；在空间机器人设计与研制完成之后，还需要研究空间机器人测试技术，开展空间机器人性能测试工作，这对于优化和改进空间机器人性能具有重要的意义。

针对上述应用需求，作者通过梳理空间探索的发展历程，归纳总结典型空间机器人系统及其相关特点，以及多年来空间机器人技术领域所取得的研究成果，系统阐述了空间机器人的设计、规划与控制等基础理论与关键技术。通过阅读本书，读者可对空间机器人的基本概念、发展历程以及技术有所了解。

全书共 6 章。第 1 章重点介绍了空间探索发展历程，并梳理了该历程所包含的典型任务种类及关键技术。第 2 章介绍了空间机器人基本概念及构成，并举例说明了现有的典型空间机器人系统，在此基础上总结常见空间机器人分类方式和应用特点。第 3 章系统阐述了空间机器人总体、关键部件/组件和控制系统的相关设计内容。第 4 章介绍了空间机器人运动学建模、动力学建模、规划与控制的相关方法，并深入阐述了空间机器人的环境感知、人机交互和容错控制技术。第 5 章介绍了典型的空间机器人地面验证系统、空间机器人系统功能/性能测试

和环境适应性测试的相关内容，用于实现空间机器人的优化设计与研制。第 6 章通过对空间机器人应用所面临的挑战展开分析，总结了空间机器人发展趋势，并对未来的研究热点进行了展望。

受现有研究热点以及未来空间任务需求等因素的影响，空间机器人将拥有极为广阔的应用前景，但同时也面临着诸多应用挑战，因此对空间机器人的认知与研究仍在不断改进和完善之中，加之作者水平有限，书中难免有疏漏或不妥之处，敬请广大读者批评指正。

作者

2020 年 12 月

目 录

第1章 空间探索任务概述

空间探索是人类了解宇宙、探索生命起源和演化、开发和利用空间资源、获取更多科学知识的重要手段，对促进科技进步和人类文明发展具有重要意义，因此空间探索任务越来越受到人们的关注。本章首先概述人类空间探索发展历程，随后分别针对在轨服务和深空探测2个领域，阐述其任务种类、任务流程及关键技术，并介绍这2个领域的典型应用案例。

|1.1 空间探索发展历程|

1957 年 10 月 4 日，苏联发射了世界上第一颗人造地球卫星——斯普特尼克 1 号（Sputnik-1），标志着人类进入太空时代。随后，美国、加拿大、日本、欧洲等国家和地区也迈出了空间探索的脚步，并在在轨服务与深空探测 2 个领域取得了一系列的成就，下面对这 2 个领域的发展历程进行简要介绍。

1.1.1 在轨服务发展历程

在轨服务的概念最早于 20 世纪 60 年代被提出，指在空间中通过航天员、机器人或两者协同完成的空间操作。其目的是提升在轨系统的任务执行能力、延长其寿命以及降低其研发和运行成本等。在轨服务在许多空间探索任务中得以应用，不同时期的在轨服务任务数量如图 1-1 所示。其中，航天飞机和载人航天飞行器的发展为 2000 年以前的在轨服务任务奠定了基础，这一时期的大部分在轨服务任务由美国开展，苏联/俄罗斯、欧洲、日本、加拿大等国家和地区仅开展了少量任务。到了 21 世纪，由于航天飞机技术的迅速发展以及轨道快车（Orbital Express，OE）试验项目的顺利实施，在轨服务任务数量较以前显著增加。随后，由于空间机器人技术的迅速发展，在轨服务任务数量在 2010 年后再一次增加。

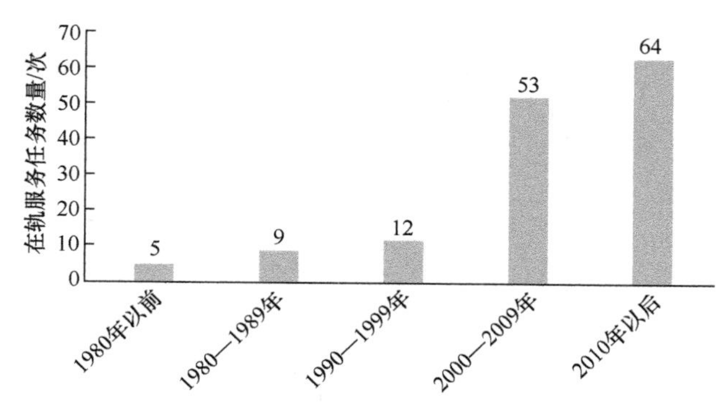

图 1-1　不同时期的在轨服务任务数量统计

在轨服务的实施主体与被服务对象通常均为航天器，包括服务航天器、客户航天器、大规模航天器以及其他航天器，如图 1-2 所示[1]。由图 1-2 所示可知，服务航天器占比为 25.1%，其提供服务的主要设备之一是空间机械臂。客户航天器占比为 6.5%，其一般具有模块化特点，进而方便对其进行在轨更换和维修。大规模航天器占比高达 46.4%（由于火箭整流罩对航天器结构大小存在限制，故大规模航天器只能通过在轨装配制造），这也意味着在轨装配领域的发展较为迅速。其他航天器占比为 22%，其主要包括一些为了特殊应用而设计制造的航天器。

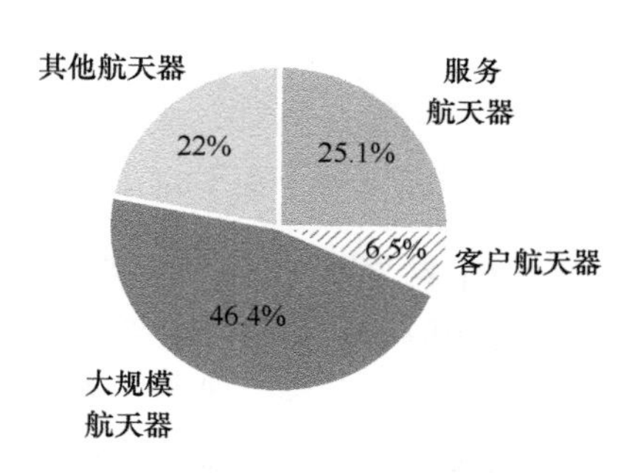

图 1-2　在轨服务中各类航天器占比统计

美国、苏联/俄罗斯、日本、欧洲、加拿大以及中国等国家和地区均在持续推进在轨服务系统项目的研究，主要涉及碎片清理、在轨燃料加注与延寿、在轨装配和在轨维修与升级等方面。从现有的发展规划来看，世界在轨服务系统的发展还处于初级阶段，随着航天技术的不断发展，未来还将会实现更多类型的在轨服务，航天器也将向在轨可建造、在轨可扩展、在轨可重构的方向发展。因此，在轨服务技术是未来航天技术发展的一个重要方向。

1.1.2　深空探测发展历程

深空探测是人类对月球及月球以远的天体和空间进行的探测活动，其为探究太阳系及宇宙的起源与演化、太阳系生命的起源与演化、太阳及小天体活动对人类生存环境的影响等重大科学问题提供了强有力的理论基础。自 1958 年

美国和苏联启动探月计划开始，各国开始竞相发射深空探测器，拉开了探索太阳系的序幕。60 多年来，深空探测的发展可分为 3 个时期：竞争期、平静期和成熟期[2]。图 1-3 所示为不同时期的深空探测活动数量的统计数据[3]。

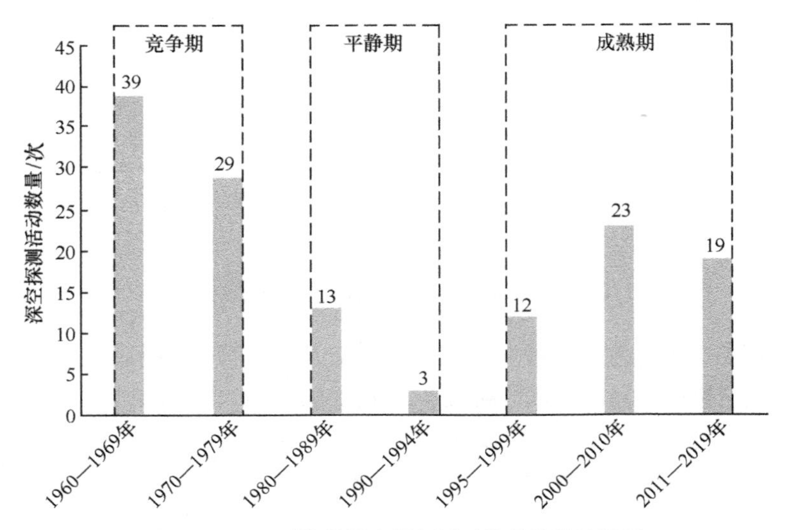

图 1-3　不同时期的深空探测活动数量的统计数据

（1）竞争期（1960—1979 年）

这一时期，苏联与美国为展示自己的能力争相开展深空探测任务。在这 20 年间，苏联和美国共进行了 68 次深空探测任务，虽然其中有 34 次失败了，但两国的空间科学探索技术得到了迅速发展，标志性的深空探测任务是美国的月球采样返回和载人登月任务。

（2）平静期（1980—1994 年）

苏联/俄罗斯和美国在这段时间致力于分析和消化竞争期所获得的深空探测数据。此外，欧盟和日本在这一时期也开始发射自己的深空任务探测器，由于苏联/俄罗斯和美国在这段时间不再竞争，且欧盟和日本在深空探测领域仅处于初始阶段，因此在这一时期国际上仅发射了 16 次深空任务探测器。

（3）成熟期（1995—2019 年）

这一时期以科学技术发展为主要驱动力，共发射了 54 次深空任务探测器。美国、欧洲和日本等在这一时期均已开始追求提升航天器服役能力及其寿命，从而实现了航天器更接近目标以及更长时间的探测。

迄今为止，已独立或合作开展深空探测活动的国家和组织主要有美国、苏联/俄罗斯、欧洲、日本、中国和印度。其中，美国是迄今为止唯一对太阳、太阳系七大行星以及小天体开展过探测的国家；苏联/俄罗斯发射了许多深空探测器，创造过多项“第一”的记录，但成功率却很低，且受政治因素的影响，其发展一度停滞，但近年逐渐恢复；欧洲自 20 世纪 80 年代开始进入深空探测领域，虽然只开展了少量任务，但大部分都取得了成功，因此其深空探测技术在较短时间内达到了较高水平；日本在太阳系小天体探测方面取得了巨大成功，但在行星探测方面却屡遭挫折；我国于 2004 年开始实施探月工程，并于 2019 年成功实现了月背登陆，2020 年 12 月又完成了月球采样返回；印度于 2013 年成功实现了首次火星探测。以上各国和组织还合作开展了探测器的设计制造工作，从而促成多次探测任务的成功执行。图 1-4 所示为不同国家和组织的深空探索活动数量的统计数据[3]。

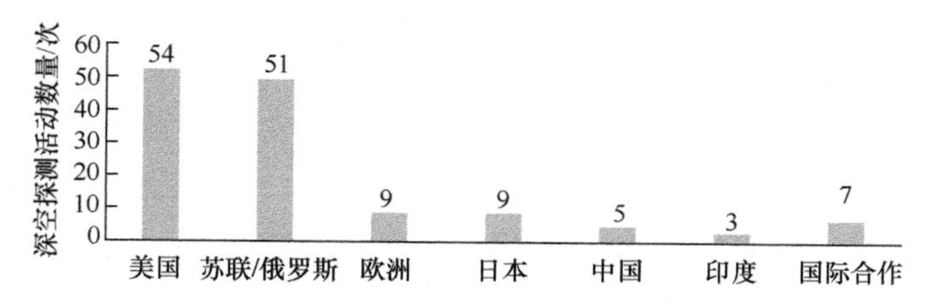

图 1-4　不同国家和组织的深空探测活动数量的统计数据

目前，深空探测活动的对象已基本覆盖了太阳系的各种天体（包括太阳、月球、七大行星及其卫星、矮行星、小天体、彗星等），并且实现了飞越、绕轨、硬着陆（撞击）、软着陆、无人采样返回等不同方式的探测。进入 21 世纪以后，美国和欧洲逐渐开始了太阳系外的空间探测。图 1-5 所示为不同天体的深空探测活动数量的统计数据[3]。

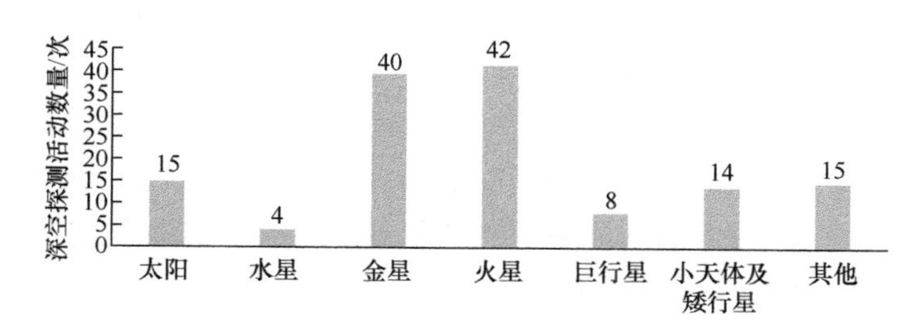

图 1-5　不同天体的深空探测活动数量的统计数据

从空间探索发展历程可以看出，在轨服务任务可以提升航天器的在轨服务能力并延长其寿命，而深空探测任务则可以带领人们见识更广阔的太空世界，这些任务得到了世界各国，尤其是航天大国的关注。此外，这些任务的成功离不开技术的发展，因此在轨服务与深空探测相关技术的发展对航天领域的发展具有重要的推动作用。

1.2 在轨服务任务种类及架构

在轨服务既可以大幅提升航天器的寿命，维护其健康的工作状态，显著提升其空间活动能力，还可以大幅降低系统研发和运行成本，从而提高现有航天器的应用价值，并实现其可持续发展。世界各航天大国根据本国的发展需求，依托自身的技术优势，启动了多项在轨服务项目计划，开展了自主在轨服务系统的研发。在轨服务包括航天员与空间机器人在微重力轨道环境中执行的各类操作任务，根据操作任务的不同可将其分为在轨装配和在轨维护等，在轨装配可实现航天器组装及其功能扩展，而在轨维护可延长航天器的寿命。下面针对在轨装配、在轨维护以及其他任务进行分析研究，并梳理世界各国和地区开展的关于在轨服务的典型案例。

1.2.1 在轨装配

在轨装配是指在太空中将部件组装起来构建成复杂空间结构，或将 1 个或多个空间结构分离后进行重新组合的服务任务，如电池阵、天线等的安装与展开，独立舱段的在轨对接，以及大规模空间结构的构建等。

1. 任务分类

根据在轨装配任务对象的规模，可将在轨装配任务划分为 5 个层次[4]。

（1）在轨制造

在轨制造指在太空中将原料制造成零部件。在地面制造航天器花费较大并耗时较多，且运输时火箭整流罩对航天器的尺寸会有限制，故为满足空间任务的需求以及大幅降低发射成本，在轨制造将是未来空间零部件生产制造的发展方向。2016 年 3 月，美国“天鹅座”（Cygnus）飞船将太空制造公司研制的首台商用增材制造设备送入国际空间站（International Space Station，ISS），但其能够制造的零部件尺寸有限，且仅能用于国际空间站内部[5]。

（2）模块组装

由于一些模块体积比运载工具所能提供的可用装载空间更大，因此可先将模块拆分成若干个子模块或零部件送入太空中，接着在太空中将这些子模块或零部件组装成 1 个完整的模块。2015 年 7 月，美国国家航空航天局（National Aeronautics and Space Administration，NASA）启动了大型结构系统太空装配项目，旨在实现大型模块化结构在太空中的自主装配、服务保障、翻新、重构以及再利用。

（3）整星组装

部分废弃卫星上携带了可长期使用且仍有使用价值的耐损性零部件，整星组装可将这些零部件与已发射模块等组装成 1 个新的完整航天器。目前仅有美国国防高级研究计划局（Defense Advanced Research Projects Agency，DARPA）的“凤凰”任务进行过将航天器的零部件与模块装配成整星的在轨飞行试验。“凤凰”任务设想将具有卫星某一分系统级或部件级的模块化细胞星发射至地球静止轨道，并利用空间机器人将其安装到废弃卫星的天线上，再将安装有细胞星的天线从废弃卫星上拆卸下来，这样就构成 1 颗新卫星[6]。

（4）航天器功能扩展

部分航天器在服役过程中需要增加一些功能，因此可为其增加功能模块或舱段，使其成为 1 个新的组装航天器。日本工程试验卫星 7 号（Engineering Test Satellite-7，ETS-Ⅶ）的在轨服务验证任务就是 1 个典型案例，其模拟了多种在轨可更换单元（Orbital Replacement Unit，ORU）的更换过程，验证了利用机械臂完成桁架结构组装、试验天线装配等任务的相关技术。

（5）航天器组装

由于空间站、航天飞机等空间系统经常需要执行装配、补给、维修等任务，因此需要将航天器与这些被服务空间系统进行在轨对接，组装成 1 个临时的新航天器，以完成所需任务。欧洲自动货运飞船对国际空间站的成功补给是航天器在轨组装的典型应用案例[7]。

2. 任务流程

依靠航天器对空间中的小型零部件或大型结构等进行在轨组装操作是在轨装配的主要形式，其包括以下具体任务流程[8]，如图 1-6 所示。

图 1-6　在轨装配任务流程

（1）准备阶段

通过预先设定的轨道将航天器、机械臂或航天员运送至所要装配的对象附近，通过自主服务航天器完成场地清理、收集空间废弃材料等准备工作。

（2）装配阶段

搭建基础桁架，利用携带的物资进行桁架装配。该阶段由多个航天器协同完成，整个过程中航天器间的运行轨道不重合。

（3）返回阶段

装配操作完成后，航天器会进行相应的检查和测试，清理现场，并按照预定轨道返回。

3. 关键技术

在轨装配需要多种技术（涉及控制、机械、材料等多种学科）的支持。在轨装配中起决定作用的技术主要有航天器模块化设计技术，空间机器人技术，空间目标识别、跟踪与测量技术，装配规划与在轨装配管理技术等。

（1）航天器模块化设计技术

航天器模块化设计是在轨装配操作能够进行的首要条件，其通过把航天器各子系统分解成若干个独立的功能模块，采用标准的机械、电、热及数据接口对各模块进行连接，实现航天器的整体功能，从而满足各种多任务航天器设计要求。因此模块化的航天器应该是一种更紧凑和轻量化的结构，其设计、制造和测试比常规航天器更快速，而且能重复使用[9]。

进入 21 世纪以来，航天器模块化设计主要经历了模块化、自适应可重构系统设计，支持在轨展开的航天器结构模块化设计和支持在轨服务的航天器结构模块化设计 3 个阶段[10]。

（2）空间机器人技术

在轨装配分为有人在轨装配和自主在轨装配 2 种，有人在轨装配只适用于环境安全、任务量小的在轨装配任务。利用可自主运行的空间机器人所实现的自主在轨装配，可以取代航天员完成一系列操作，包括抓持、组装等。随着空间机器人技术的发展，自主在轨装配已经成为在轨装配的主要方式，在太空建造项目中得到了广泛应用。

与有人在轨装配相比，空间机器人装配安全性高，成本低，因此受到了 NASA 和欧洲航天局（European Space Agency，ESA）的关注，现阶段用于在轨装配任务的空间机器人的主要支撑技术如表 1-1 所示。

表 1-1　用于在轨装配任务的空间机器人的主要支撑技术

相关技术	技术特点
空间机器人运动学、动力学建模	空间机器人一般具有质轻、臂长和负载大等特点，必须考虑连杆柔性才能获得更精确的运动学、动力学模型。空间机器人的运动学、动力学建模是其轨迹规划与控制的基础
轨迹规划与控制	对空间机器人的运动轨迹进行规划，调整其位置和姿态，以满足要求
遥操作	航天员或地面控制中心通过遥操作技术可实现对空间机器人的远距离控制，这对机器人的动力性能以及工作精度等提出了较高的要求
地面仿真训练与环境模拟	空间机器人在地面进行空间环境模拟和测试的技术，训练航天员与地面操作人员合作解决机器人在实际任务中的故障，该技术的难点在于环境模拟

（3）空间目标识别、跟踪与测量技术

空间目标识别、跟踪与测量技术的主要作用是对装配对象进行类型或属性辨认。为保证自主在轨装配顺利进行，必须在一定范围内对装配对象进行精确探测、跟踪等，以获得装配对象准确全面的运行信息，进而对装配对象特性数据进行归类计算，使得服务航天器控制系统准确控制与调整自身轨道和姿态，实现对装配对象的在轨装配。

传统的空间目标识别、跟踪与测量技术是以微波雷达和光学望远镜为基础的，其缺陷表现在雷达和光学望远镜配合不紧密，进而影响对装配对象的探测识别效率。随后产生的激光探测技术克服了传统方法的不足，可获取空间目标的距离、速度信息，使得测量精度大大提升，测量范围大幅扩大。

（4）装配规划与在轨装配管理技术

装配规划主要是指在装配前预先拟定的在轨装配计划，以外界环境因素为约束条件，合理规划出任务完成所需的全部决策和行为序列。装配规划方法包括人工规划方式和计算机辅助规划方式，其中计算机辅助规划方式能避免人为误差且效率较高。

在轨装配管理技术是协调、管理和控制各子系统装配的综合控制器，其可大幅提高装配系统的可靠性、生存性和性价比。

1.2.2　在轨维护

在轨维护是指对空间系统提供检查、维修以及轨道清理等服务，其包括一切保障并延长航天器等空间系统寿命的活动。

1. 任务分类

在轨维护任务涉及的种类较多，可分为在轨燃料加注、在轨维修以及在轨清理 3 类。

（1）在轨燃料加注

针对航天器携带的推进剂已经耗尽或航天器的推进剂携带量有限而限制其机动能力的情况，可采用在轨燃料加注的方式为航天器提供推进剂，以大幅延长航天器寿命，提升航天器执行任务能力[11]。OE 试验项目验证了在轨燃料加注的可行性，自主空间运输机器人轨道器（Autonomous Space Transport Robotic Orbiter，ASTRO）从补给航天器中取出燃料，并将其运送到下一代服务卫星（NEXT Generation Serviceable Satellite，NEXTSat）附近，然后由 ASTRO 上的机械臂捕获 NEXTSat，最终通过流体管路实现从 ASTRO 到 NEXTSat 的燃料补给[12]。

（2）在轨维修

服务航天器在航天员或空间机器人的帮助下，能够为目标航天器进行更换零部件等维修操作。哈勃太空望远镜的在轨维修任务实现了零部件的在轨更换以及设备的在轨更新。2009 年 5 月，“亚特兰蒂斯号”航天飞机靠近哈勃太空望远镜，随后航天飞机成功对其实现捕获，航天员对哈勃太空望远镜进行了最后一次维护，为其更换了大量设备和辅助仪器，最终哈勃太空望远镜被重新释放进入轨道。

（3）在轨清理

服务航天器通过使用网状捕获机构和系绳抓取机构等专用设备可清除空间垃圾，如轨道碎片、故障卫星等。在轨清理主要用于清理航天器轨道上的障碍物，以及将故障卫星移动到“墓地”轨道。德国宇航中心（Deutsches Zentrum für Luft- und Raumfahrt，DLR）的轨道服务任务利用机械臂实现了与废弃航天器的对接，并将其拖入“墓地”轨道，完成了废弃航天器的清理。

2. 任务流程

在轨维护包括多种服务功能，但除了服务操作不同外，其任务流程基本相同，均包含发现与观测目标、逼近目标、抓取目标并形成组合体、维护操作、航天器组合体分离等过程，且都需要借助航天员或空间机器人的辅助。在轨维护的任务流程如图 1-7 所示。

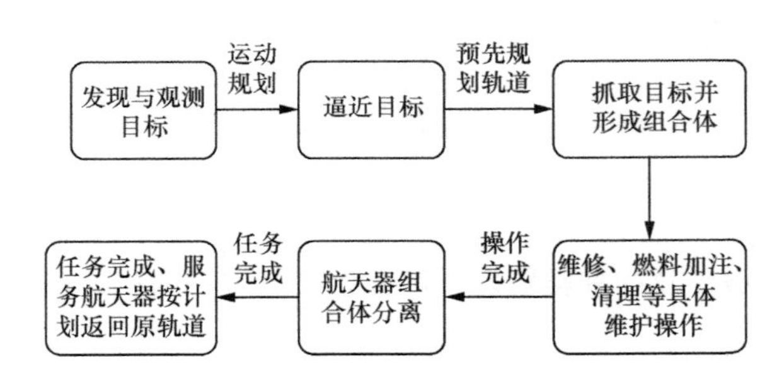

图 1-7　在轨维护的任务流程

（1）发现与观测目标

服务航天器在这一阶段需要获取目标航天器的位置、姿态和速度等运动信息，识别目标航天器的惯性参数等物理特性，确定抓住目标航天器的时间与地点，并规划接近目标航天器的运动轨迹。

（2）逼近目标

服务航天器、机械臂、航天员等沿着一定的轨道平台，如预定好的轨道，自主接近目标航天器。

（3）抓取目标并形成组合体

在不破坏服务航天器姿态稳定的情况下利用机械臂抓取目标物。一旦成功抓取目标物，服务航天器和目标航天器的组合系统必须尽快稳定，以避免损坏，在轨捕获也采用类似技术。

（4）维护操作

在航天员和机器人的辅助下，服务航天器完成各服务任务，如对目标航天器的在轨燃料加注、在轨维修或在轨清理。

（5）航天器组合体分离

服务操作完成后，服务航天器与目标航天器分离，并按照事先计划好的流程返回原轨道等待下一次服务操作。

3. 关键技术

在轨服务技术是需求牵引和技术推动相结合的产物，在过去几十年里，国内外在在轨维护领域取得了丰硕的成果，重点围绕以下关键技术展开研究。

（1）通用技术

通用技术指在在轨燃料加注、在轨维修、在轨清理任务中均需涉及的技术，其主要包括空间机器人技术，空间目标识别、跟踪与测量技术以及轨道机动技术。

① 空间机器人技术

在轨维护的很多任务都需要有空间机器人参与，如在轨燃料加注、在轨模块更换等。空间机器人的基本运动部件是一体化关节，其集传动机构、驱动器、传感器、控制器和电源为一体，一体化关节的高度集成化能满足空间应用的要求。针对在轨维护任务，空间机器人除了需要具备表1-1所示的技术外，还要额外具备表1-2所示的几种技术。

表1-2 用于在轨维护任务的空间机器人相关技术

相关技术	技术特点
末端执行器设计	在在轨燃料加注、在轨模块更换等任务中，针对不同的目标航天器，空间机器人需要配备不同的末端执行器，以适应不同的服务对象，满足多种任务的需求。此外，太空环境恶劣，末端执行器设计还需要从环境适应性、可靠性等角度考虑[13]
视觉伺服	在机械臂上装备相机，在目标航天器或目标载荷上搭载能被相机识别的合作靶标，以及能被末端执行器抓捕的适配器，相机能够测量末端执行器与目标之间的相对位姿
遥操作	操作员利用现代通信网络技术实现对空间机器人的遥控操作，使空间机器人能够按照操作员的要求去完成任务

② 空间目标识别、跟踪与测量技术

能够识别、跟踪与测量目标航天器是服务航天器能够成功执行在轨维护任务的前提之一。在一定距离内，服务航天器需要通过雷达、测距仪、相机等多种仪器获得目标的位姿、速度等信息[14]。

③ 轨道机动技术

轨道机动技术主要指服务航天器逼近目标航天器并运动到目标航天器所在轨道的技术。服务航天器的轨道机动涉及轨道机动规划技术、轨道机动动力学技术、导航与控制技术以及大推力、高比冲推进技术[14]。

（2）专有技术

专有技术指只可用于在轨维护中某一种任务的技术，包括在轨燃料加注技术、在轨维修技术和在轨清理技术。

① 在轨燃料加注技术

推进剂的在轨加注是延长航天器寿命和降低成本的关键技术。在轨燃料加注任务目前已被验证可通过空间机器人实现，NASA 的戈达德太空飞行中心（Goddard Space Flight Center，GSFC）为国际空间站上的灵巧专用机械手设计了 1 个模块和工具包以完成空间机器人燃料加注任务，从而延长航天器寿命，因此研究空间机器人在轨燃料加注技术十分有必要[12]。

② 在轨维修技术

利用在轨维修技术对航天器上的故障模块进行更换，对关键部件进行在轨升级，能够延长航天器的寿命，扩展航天器的性能。在在轨维修任务中，空间机器人也发挥着重要的作用，自 OE 试验项目中演示了空间机器人更换 ORU 的任务后，各国开始越来越频繁地将空间机器人用于执行在轨维修任务，因此研究空间机器人在轨维修技术也十分必要。

③ 在轨清理技术

太空中的碎片可能会与航天器相碰，甚至有可能因为碰撞产生连锁反应而使轨道变成废弃轨道，因此需要开发在轨清理技术。根据轨道高低、碎片大小等因素，可将在轨清理技术分为 3 种：激光降轨技术、机器人清理技术和电动力系绳清理技术[15]。其中机器人清理技术适用于失效的较大碎片，如故障航天器等，空间机器人可对故障航天器进行抓捕并将其送至“墓地”轨道。

1.2.3 其他服务任务

空间在轨服务任务范围非常广泛，除了在轨装配和在轨维护外，还有在轨捕获和在轨发射等。

1. 在轨捕获

在轨捕获是指在有人或无人的情况下对空间目标实施抓捕的服务任务[16]。

国内外航天器的在轨捕获方式主要有3种：利用伸缩杆捕获目标航天器的发动机喷管；利用机械臂捕获目标航天器的特定结构；利用飞网或飞爪捕获目标航天器[17]等。

（1）伸缩杆捕获

美国轨道复活公司和英国轨道复活公司共同研制了一种名为锥型车-轨道延寿飞行器，该飞行器充分利用了目标航天器的远地点发动机喷管和星箭对接环的结构特点，采用通用型对接捕获机构实现了对目标航天器的在轨捕获[18]。以该飞行器为例，其伸缩杆捕获对接机构由2部分组成：一部分是捕获机构，在捕获飞行器沿目标航天器发动机喷嘴轴线方向足够靠近目标时，将可膨胀捕获装置送入目标航天器的发动机喷嘴内部，随后，可膨胀捕获装置展开并实现与目标航天器的连接；另一部分是3套独立的星箭对接环锁紧机构，当捕获机构将2个航天器距离缩小到锁紧机构的作业距离范围之内时，锁紧机构打开，并捕获目标航天器的星箭对接环，从而实现2个航天器之间的对接，对接捕获机构如图1-8所示[19]。

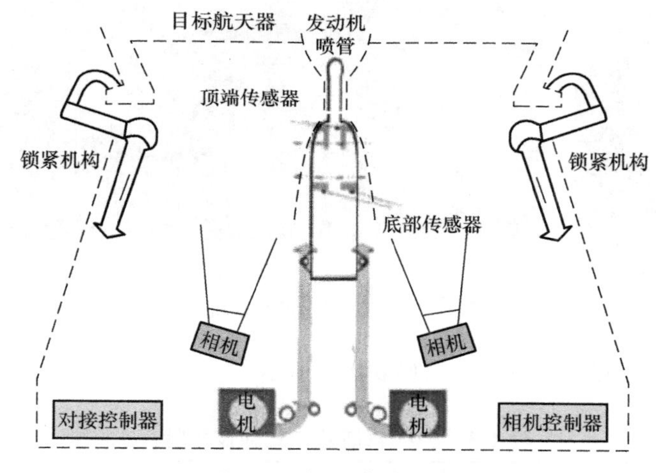

图1-8 伸缩杆捕获机构

（2）机械臂捕获

试验服务卫星（Experimental Servicing Satellite，ESS）是ESA开展的1个地球静止轨道卫星在轨服务系统研究项目[20]。ESS利用机械臂对失效的电视卫星-1进行了在轨捕获与修复，其任务流程如下：服务航天器接近电视卫星-1直到进入其可捕获范围，移动机械臂跟踪并插入远地点发动机喷管，捕获目标后通过对接机构与电视卫星-1对接，机械臂可从喷管中抽出，更换机械臂末端的工具，从而展开电视卫星-1的太阳翼并拉伸被卡住的天线，如图1-9所示。

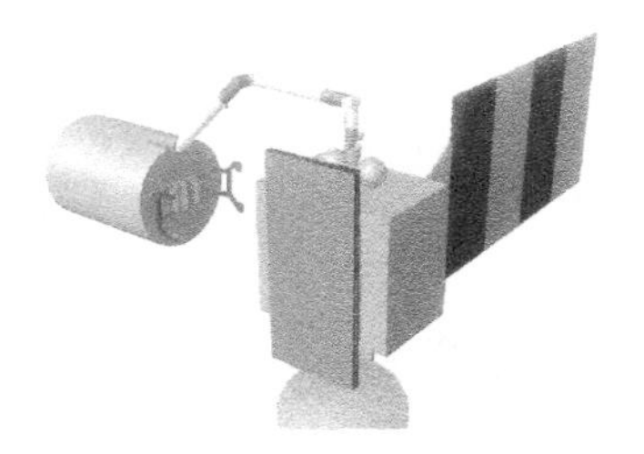

图 1-9　ESS 中的机械臂捕获方案

（3）飞网或飞爪捕获

飞网机构可捕获地球同步轨道上存在的一些故障航天器或较大的空间碎片，并将其送至目的轨道；飞爪机构可捕获一些发射时未进入正常轨道的地球同步卫星，并将其送至预定轨道，如图 1-10 所示[21]。

（a）飞网捕获机构

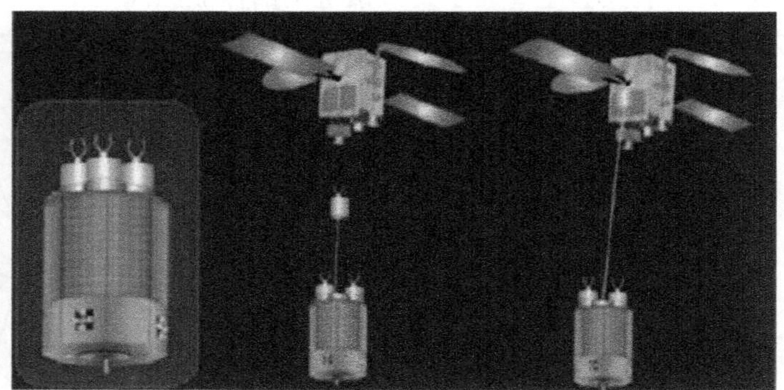

（b）飞爪捕获机构

图 1-10　飞网和飞爪捕获机构

各在轨捕获方式的技术特点如表 1-3 所示[19]。

表 1-3　各在轨捕获方式的技术特点

捕获方式	捕获部位	捕获通用性	误差冗余能力	技术复杂性	实用性
伸缩杆	远地点发动机喷管	一般	一般	简单	延寿，离轨
机械臂	远地点发动机喷管、适配器对接环及其螺栓孔、其他部位	较好	较好	复杂	延寿，离轨，维修
飞网或飞爪	整星、太阳翼根铰	最好	最好	中等	离轨

从表 1-3 所示可以看出，利用机械臂执行在轨捕获任务的方式，捕获通用性和误差冗余能力较好，是目前最常用的在轨捕获方式，该方法的主要优点如下：其支持捕获多种目标航天器，目标航天器既可以是正常卫星，也可以是已经出现故障、不可维持正确姿态的卫星；其对目标航天器的适应能力强，不要求目标航天器具有特定的接口，可根据目标航天器的结构灵活确定对接位置；相对位姿的测量和控制误差冗余能力强，安全性高；机械臂还具有大容差的特点，容许机械臂末端与对接机构间存在一定的位姿误差。机械臂在轨捕获是未来在轨捕获发展的一大热门方向，因此研究空间机器人在轨捕获技术极为重要。

2. 在轨发射

在轨发射是一种非常规发射方式，多个航天器一同搭乘运载火箭进入轨道，与运载火箭分离后，其中一个航天器在适当的时机再次释放，使其进入轨道[22]。这种发射方式的优势是成本较低，并且可以选择发射时间，在需要的时候将某些航天器送入轨道。

按发射动力的不同，在轨发射可以分为自推力发射、弹射发射和其他发射方式[23]。

（1）自推力发射

自推力发射的原理是航天器启动自身的发动机后，从发动机喷出的高温燃气产生的推力使航天器与本体空间平台分离。该方式的优点是结构简单且反应迅速，缺点是会对本体空间平台产生扰动，影响平台的稳定性，且所产生的燃气会污染平台上的设备。

（2）弹射发射

弹射发射主要有火工弹射、压缩气体弹射、弹簧弹射和电磁弹射 4 种。火工弹射通过点燃内部装药产生一定压力的燃气，进而推动航天器向前运动，实现航天器与本体空间平台的分离[24-25]；压缩气体弹射通过内部的压缩气体实现分离动作；弹簧弹射采用记忆合金作为分离释放机构执行元件，利用其相变产生的形变恢复力和行程对外做功，实现航天器与本体空间平台的分离；电磁弹射也称电磁炮弹射，其必要的组成部分有能源、加速器和开关系统，其利用电磁的能量来推动被弹射的物体向外运动。

（3）其他发射方式

① 系绳发射

被发射航天器通过系绳连接在空间平台上，在发射时，需要先展开系绳，通过控制系绳使得航天器的轨道、姿态达到释放要求，然后松开或者切断系绳，将航天器发射出去。系绳展开、摆动和切断的过程中存在复杂的动力学、稳定性和控制相关的问题。

② 自旋分离

在某一时刻断开航天器与本体空间平台的连接，通过航天器自旋产生的离心力将航天器发射出去。这种方法简单、可靠，适用于具有一定自旋能力的航天器[26]。

③ 机械臂释放

机械臂末端执行器可与被发射航天器的接口对接，在达到释放要求时，机械臂末端执行器松开，可将航天器发射出去。机械臂释放航天器动作迅速，时间精度高，定位、定姿精度高，对平台不会产生冲击性扰动[27]。

1.2.4 在轨服务任务典型案例

从上世纪开始，美国、俄罗斯、欧洲等国家和地区开展了大量在轨服务任务，本节将围绕其典型案例进行具体介绍。

1. 哈勃太空望远镜相关服务任务

哈勃太空望远镜（见图 1-11）于 1990 年 4 月 24 日由“发现号”航天飞机成功送入预定轨道[28]。哈勃太空望远镜的主要任务是探测宇宙深空，揭开宇宙起源之谜，了解太阳系、银河系和其他星系的演变过程。从 1993 年到 2009 年，哈勃太空望远镜在成功部署后共接受了 5 次在轨服务，详细维修操作如表 1-4 所示。

表 1-4 哈勃太空望远镜详细维修操作（1993—2009）

服务任务代号	时间	航天飞机	详细服务操作
SM1/STS-61	1993 年 12 月	“奋进号”	◆ 拆下高速光度计； ◆ 安装太空望远镜光轴补偿校正光学（Corrective Optics Space Telescope Axial Replacement，COSTAR）； ◆ 升级广域和行星相机（Wide Field and Planetary Camera，WFPC）； ◆ 更换太阳能电池板及其驱动电子设备； ◆ 更换陀螺仪、磁强计； ◆ 通过增加协处理器升级机载计算机； ◆ 提高哈勃太空望远镜的轨道
SM2/STS-82	1997 年 2 月	“发现号”	◆ 移除戈达德高分辨率光谱仪（Goddard High Resolution Spectrograph，GHRS）和弱目标光谱仪（Faint Object Spectrograph，FOS）； ◆ 安装太空望远镜成像光谱仪（Space Telescope Imaging Spectrograph，STIS）、近红外线照相机和多目标分光仪（Near Infrared Camera and Multi-Object Spectrometer，NICMOS）； ◆ 用新的固态录音机代替工程和科学磁带录音机； ◆ 修补隔热层

续表

服务任务代号	时间	航天飞机	详细服务操作
SM3A/STS-103	1999 年 12 月	“发现号”	◆ 更换陀螺仪； ◆ 更换精细制导传感器（Fine Guidance Sensor，FGS）和计算机； ◆ 安装电压、温度改善工具（Voltage/Temperature Improvement Kits，VIKs）； ◆ 更换隔热层
SM3B/STS-109	2002 年 2 月	“哥伦比亚号”	◆ 用先进巡天照相机（Advanced Camera for Surveys，ACS）代替暗天体照相机（Faint Object Camera，FOC）； ◆ 通过安装闭式循环冷却器来恢复 NICMOS； ◆ 更换太阳能电池板
SM4/STS-125	2009 年 5 月	“亚特兰蒂斯号”	◆ 安装替换数据处理单元； ◆ 修复 ACS 和 STIS 系统； ◆ 安装改进型镍氢电池； ◆ 安装新的观测仪器，包括广域照相机 3 号（Wide Field Camera 3，WFC3）和宇宙起源光谱仪（Cosmic Origins Spectrograph，COS）； ◆ 安装软捕获和会合系统

哈勃太空望远镜接受的在轨服务均是基于航天员辅助完成的，这种形式的在轨服务成本较高、安全性低，因此 NASA 于 2015 年推出了哈勃机器人维修车，其为哈勃太空望远镜的生命末期提供服务，如图 1-12 所示。哈勃机器人维修车包括 2 个主要模块：弹出模块和离轨模块。弹出模块可以使用机械臂等对哈勃太空望远镜进行维修，离轨模块可以使用推进系统帮助哈勃太空望远镜脱离轨道。

图 1-11　哈勃太空望远镜

图 1-12　哈勃机器人维修车

2. 轨道通用修正航天器

轨道通用修正航天器（Spacecraft for the Universal Modification of Orbits，SUMO）由美国海军研究实验室开发，其设计宗旨是为多种没有辅助设备（如抓斗装置和反光板等）的目标航天器提供服务，如燃料补给、零部件技术更新、卫星修理等[29]。SUMO 是模块化航天器，其配备了 1 个有效载荷模块，其中包括 3 个通用机械臂、1 个计算机视觉传感器系统和 3 个工具箱，每个工具箱中都有 1 个可以用于完成不同操作的末端执行器，如图 1-13 所示。

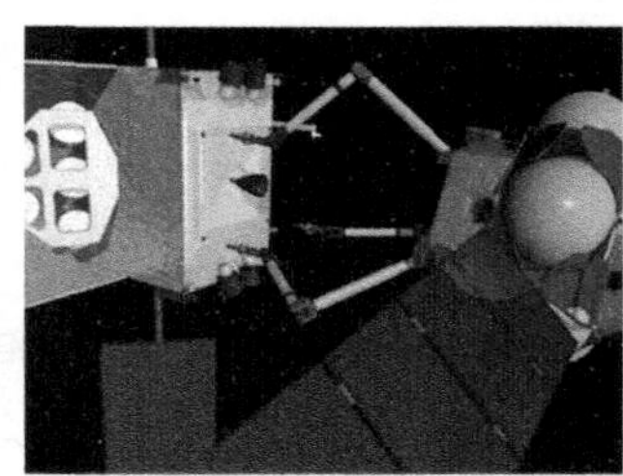
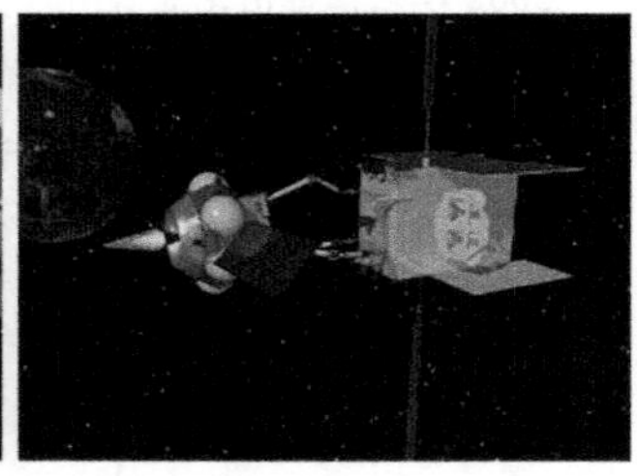

图 1-13 轨道通用修正航天器

SUMO 服务任务的典型过程包括 4 个步骤：对目标航天器的轨道机动、监视；靠近目标航天器；与目标航天器的自主对接和捕获；为目标航天器实施最终服务。

3. 地球同步服务车

地球同步服务车（Geostationary Service Vehicle，GSV）于 1996 年由 ESA 提出，旨在为地球静止卫星提供在轨服务，包括对目标航天器进行检查、通过机械辅助进行部署操作（如太阳能电池组的部署）以及将不受控制的目标航天器转移到“墓地”轨道上等[30]。GSV 顶面配备了 2 个机械臂（见图 1-14），以及用于会合的传感器，此外还携带了一系列的工具，如对接定位工具、关闭检测装置、两指夹持器等，以保证操作的顺利进行。

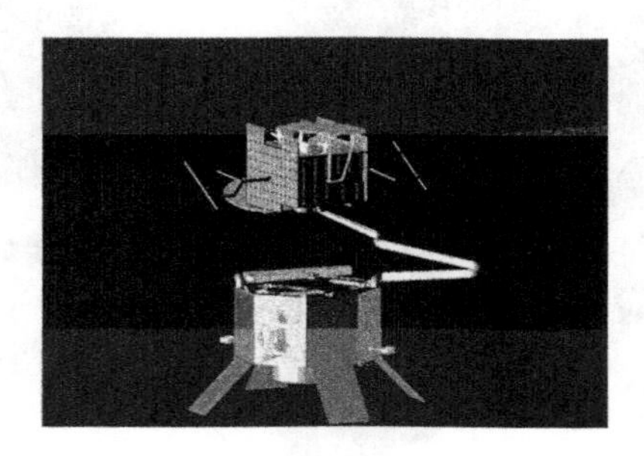

图 1-14 GSV 为目标航天器服务

为了验证 GSV 及其专用机械臂的设计合理性，ESA 进行了一系列地面试验，其中包括 1 项对 Anik-E2 卫星 C 波段天线反射镜进行故障检测与修复的试验。在该试验期间，GSV 演示了典型的在轨交会过程，通过机械臂捕获 Anik-E2 的主电机喷嘴，随后对部分展开的 C 波段天线反射镜进行了基本的检测和修复操作，在确认卫星正常后将其释放。

4. ETS-Ⅶ试验

ETS-Ⅶ（见图 1-15）是世界上第一颗配备机械臂的卫星，由日本宇宙事业开发集团（National Space Development Agency of Japan，NASDA）提出，并于 1997 年 11 月 28 日成功发射，旨在完成交会对接、空间机器人技术试验[31]。ETS-Ⅶ包括 1 颗追踪卫星（Hikoboshi）和 1 颗目标卫星（Orihime）。在追踪卫星的另一侧有 1 个专用的交会对接试验系统，以验证与目标卫星自主交会对接的性能[32]。

图 1-15 ETS-Ⅶ

ETS-Ⅶ的交会对接试验包含以下步骤：追踪卫星接近目标卫星到达逼近点；追踪卫星接近对接机构的捕获区；追踪卫星通过对接机构捕获目标卫星并与之对接[33]。

5. OE 试验项目

OE 试验项目由 DARPA 于 1999 年 11 月提出，旨在构建 1 个在轨卫星服务基础平台，以验证空间机器人在轨维修航天器的技术可行性以及演示在轨补给、在轨捕获等任务[34]。OE 试验项目中的航天器由 ASTRO 和 NEXTSat 2 颗卫星组成，如图 1-16 所示。ASTRO 配备有空间机械臂，可用于更换消耗性元件。NEXTSat 在 OE 试验项目中作为次要服务卫星被开发，可为 ASTRO 提供燃料和 ORU。

（a）ASTRO

（b）NEXTSat

图 1-16 OE 试验项目中的航天器

OE 试验项目进行了一系列在轨服务测试，包括自主对接和捕获、燃料补给、零件补给、不同模式对接等。在 OE 试验项目实施过程中，ASTRO 先向 NEXTSat 的方向机动，并逐渐接近直至与 NEXTSat 自主会合，随后 NEXTSat 被 ASTRO 上的机械臂捕获，如图 1-17 所示。最后，2 颗卫星通过分离连接机构连接，从而实现燃料补给和 ORU 更换。

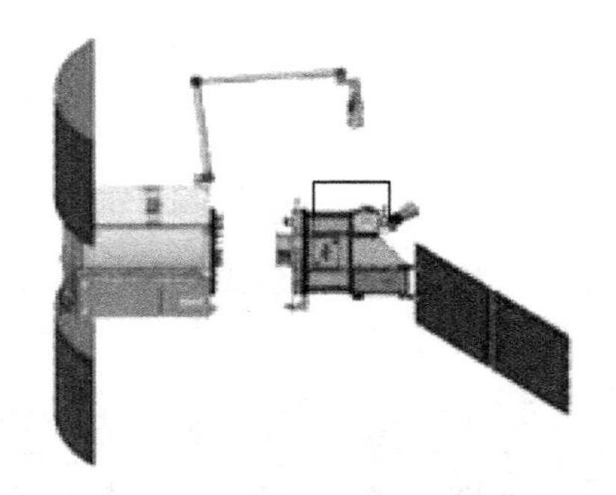

图 1-17　ASTRO 上的机械臂完成了 OE 试验项目中 2 颗卫星间的自主捕获

6. 空间系统演示验证技术卫星

空间系统演示验证技术卫星（Technology Satellite for the Demonstration and Verification of Space Systems，TECSAS）于 2004 年年初，由 DLR、欧洲航空防务航天公司（European Aeronautic Defense and Space Company，EADS）、巴巴金航天中心（Babakin Space Center）联合开发，旨在研究和论证在轨服务过程中的相关技术，如逼近和交会、观测绕飞、编队飞行、软捕获轨道脱离等[35]。TECSAS 开发了 1 套在轨服务验证系统，包括 1 个追踪航天器和 1 个目标航天器，如图 1-18 所示。

（a）追踪航天器

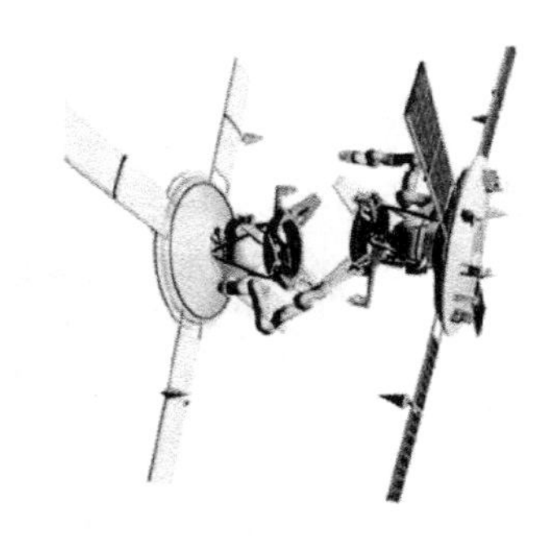

（b）追踪航天器捕获目标航天器

图 1-18　TECSAS 的 2 个航天器

为实现任务目标，追踪航天器配备的主要有效载荷包括 1 条机械臂和 1 套

捕获系统。在空间系统演示验证技术卫星的在轨服务验证系统工作流程包括追踪航天器与目标航天器远场会合、近距离机动、飞越检查、2 个航天器编队飞行、追踪航天器最终捕获目标航天器、追踪航天器对航天器组合体的姿态和轨道机动进行控制，以及地面中心主动控制在轨远程操作。

7. 国际空间站

国际空间站于 2010 年全面建成并投入使用，NASA、ESA、俄罗斯联邦航天局（Russian Federal Space Agency，RKA）、日本宇宙航空研究开发机构（Japan Aerospace Exploration Agency，JAXA）、加拿大国家航天局（Canadian Space Agency，CSA）和巴西航天局（Agência Espacial Brasileira，AEB）相互合作共同推动了国际空间站的建成。国际空间站可以支持航天员长期在轨驻留，并可用于在空间环境下进行各类研究和实验[36]。

国际空间站由桁架、居住舱、实验舱、节点舱、电力系统和太阳能电池阵列以及机械臂维修系统等部分组成，如图 1-19 所示。国际空间站上的机械臂维修系统称为移动服务系统，其空间部分包括移动服务中心、移动远程服务系统维修站、专用灵巧操作臂等，如图 1-20 所示。移动服务系统的主要任务是对空间站进行检修和维护[37]，如空间站的组装、外部维修、有效载荷运输、自由飞行物的抓取和释放等。

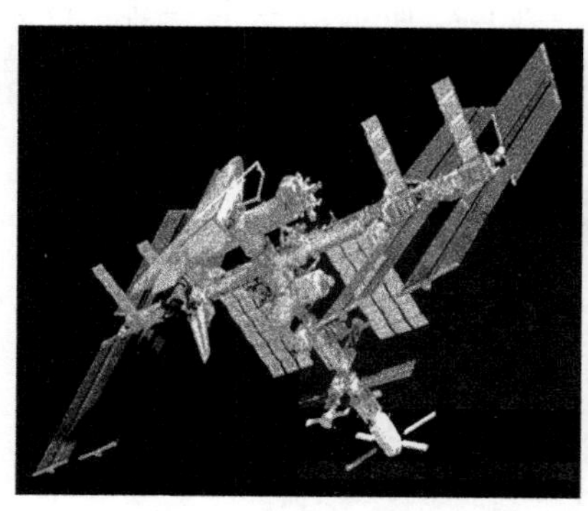

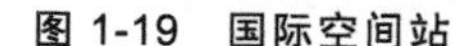

图 1-19　国际空间站

图 1-20　移动服务系统

目前，在国际空间站平台上已经开展了多种在轨服务任务，包括维护国际空间站和为其他航天器提供服务。此外，国际空间站还负责在轨装配、对接和捕获目标、在轨加注、更换元件、修理太阳能电池阵列等操作。上述操作是通过航天员的舱外作业、机器人遥控操作以及航天员和机器人的协调操作来实现的。

8. 复原-L 任务

复原-L 任务于 2014 年由 NASA 和加拿大劳拉空间系统公司（Space Systems Loral，SSL）联合提出，旨在开发一种能够为航天器提供在轨服务的机器人维修车[38]，如图 1-21 所示。

图 1-21　机器人维修车

机器人维修车的服务对象主要是地球静止轨道航天器，其配备了一对灵巧机械臂以及多个末端工具，以便进行在轨燃料加注中的精细操作。机器人维修车可实现与目标航天器自主交会、对接，并使用其自身携带的机械臂为目标航天器加注燃料，且可为在空间中不能打开燃料箱的航天器补给燃料。

9. “天宫”系列目标飞行器与“神舟”系列飞船的交会对接试验

“天宫一号”目标飞行器于 2011 年 9 月在酒泉卫星发射中心发射，旨在与“神舟八号”飞船进行交会对接试验，如图 1-22 所示。“天宫一号”目标飞行器采用实验舱和资源舱双舱构型，具备交会对接、组合体管理、接纳航天员访问和开展空间科学实验等功能[39]。

图 1-22　“神舟八号”飞船（左）与“天宫一号”目标飞行器（右）对接

“天宫一号”目标飞行器和“神舟八号”飞船的交会对接试验流程如下：“天宫一号”目标飞行器发射进入近圆轨道，并对各设备进行部署测试；“神舟八号”飞船发射，进入自主控制段起始点；飞船实现与目标飞行器对接机构接触；对接环接触，飞船与目标飞行器形成刚性连接；两飞行器对接后，飞船转入停靠模式，由“天宫一号”目标飞行器负责组合体控制与管理；“神舟八号”飞船和“天宫一号”目标飞行器分离，“天宫一号”目标飞行器轨道抬高，等待与后续的“神舟九号”飞船对接。“天宫一号”目标飞行器和“神舟八号”飞船的成功对接验证了其工程总体方案和各系统方案的正确性，标志着我国自主交会对接技术取得了重大突破。

2016 年 9 月 15 日，“天宫二号”目标飞行器发射，同年 10 月 19 日，“神舟十一号”飞船与“天宫二号”目标飞行器自主交会对接成功，航天员从“神州十一号”飞船进入“天宫二号”目标飞行器，标志着我国已基本掌握了空间飞行器交会对接技术[40]。

10. 中国空间站

中国空间站预计在 2022 年前后建成，目标是在低轨道建设 1 个常驻的 60～180 t 级的大型空间站，为开展长期、持续的载人航天和空间科学研究与实验等活动提供平台。空间站由核心舱（天和舱）实验舱 Ⅰ（问天舱）和实验舱 Ⅱ（梦天舱）构成，在其建成后，“神舟”系列飞船和“天舟”系列飞船分别作为载人飞船和货运飞船与其对接，为空间站补充人员与货物，如图 1-23 所示。

图 1-23　中国空间站效果

为满足空间站建造、维修及维护的需求，中国空间站配置了 2 条机械臂，分别为核心舱机械臂和实验舱机械臂。2 条机械臂既可独立工作，也可协同组合成 1 条大型机械臂，扩大作业范围。机械臂具备完成舱段捕获、转移，设备安装、维修、更换及舱外状态监视等任务的能力。此外，机械臂还配置有专门用于舱段转位的转位机构[41]。

从上述在轨服务任务典型案例可以看出，通过在轨服务可以完成大型空间系统装配、故障航天器检测和维修、航天器功能升级扩展、轨道垃圾清除等任务，在延长航天器工作寿命的同时，还可节约成本。但目前在轨服务任务仍处于初级阶段，且受到相关技术的限制，部分任务仍处于计划阶段，因此还需长期重点关注在轨服务技术，使空间系统的使用价值最大化。

1.3 深空探测任务种类及架构

深空探测任务的目的是探索未知空间领域，以深空探测航天器为载体，完成一系列操作任务，如样品采集和星表基地建设。样品采集任务可对星球土壤、岩石等进行实地分析，或将其带回地球，以帮助人类深入了解星球资源信息；星表基地建设则可在星球表面建设基地，容纳航天员长期居住，以进行一系列的实验研究等。以下将针对上述 2 种任务进行分析研究，并对世界各国和地区开展的深空探测典型案例进行梳理。

1.3.1 样品采集

为更深入地了解宇宙演化历史，世界各国及地区已多次开展了星球土壤和岩石采样、样品分析以及样品返回任务。

1. 任务分类

迄今为止，已成功完成的采样任务大部分依靠携带的机械臂自动采样机构完成，根据样品特点和采样地点可将自动采样任务分为以下几种[42]。

（1）星球浅表层土壤及小型岩石采样

星球浅表层土壤及小型岩石采样指对星球表面浅浅覆盖的一层土壤以及暴露在星表的小型岩石进行采集。该任务通常使用安装于机械臂末端的挖取式自动采样机构。该机构利用类似铲型的采样装置以挖掘的方式获取样品，铲型采样装置通常可以进行重复采样动作。“凤凰号”探测器使用该类型装置实现了火星表面红土的挖掘，并发现了火星表面冰冻水的存在。

（2）星表岩石内部采样

星表岩石内部采样指对岩石表面进行研磨，去除岩石表层风化、辐射和氧化层，从而采集岩石内部的样品。该种采样方式不具有样品收集和保存的能力，无法将样品带回地球，只能对样品进行在线分析。这类任务通常使用研磨式自动采样机构。2003 年，“勇气号”（Spirit）、“机遇号”（Opportunity）火星探测器携带了岩石研磨装置，其可使岩石内部未受空间环境辐射的岩心裸露出来，随后探测器上机械臂末端携带的科学探测仪器就在位于裸露出来的岩心处，进行样品在线分析。

（3）星表以下采样

星表以下采样指为了获取更加丰富且有效的星体信息，需要采集原始的、没有被破坏的星表以下样品。钻取式自动采样机构适用于该类情况，是目前应用最为广泛的一种采样机构，其采样深度可从几厘米到几米。1976 年，苏联“月球-24”探测器上携带的钻取式自动采样机构，其采样深度可达 1.6 m，在服役期间成功采集了 171 g 月球土壤[43]。

2. 任务流程

样品采集过程不仅需要采样机构适应空间的特殊环境和工作要求，还要保证采样机构按规划的工作时序和动作流程可靠运行，最终实现对样品的实时分析或将样品带回地球[44]。样品采集任务流程大致有 4 个阶段，其任务流程如图 1-24 所示。

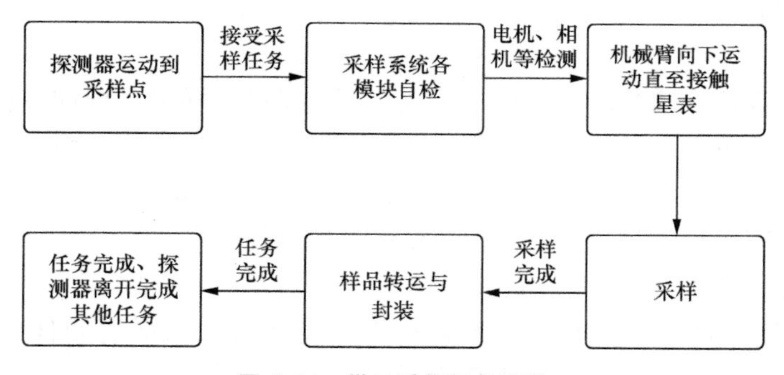

图 1-24　样品采集任务流程

（1）采样系统各模块自检

在确定采样地点后，探测器给采样系统上电，正式进入采样系统工作时间。首先，采样系统开始自检，检测传感器、开关等器件状态是否正常。如果检查一切正常，各模块依次开始试运行，一切无误后，整机开始试运行，就可以判断探测器采样系统是否能正常运行。

（2）机械臂向下运动直至接触星表

机械臂开始空行程向下运动，并确认机械臂末端的采样机构是否已经接触到星表，若接触到，则执行结束指令。

（3）采样

机械臂通过其末端携带的自动采样机构实现对样品的采集或就地分析。这一阶段的具体动作由采样机构决定。铲探和钻探分别利用机械臂末端的铲型结构和钻头获取样品，而研磨式采样机构则是研磨岩石表层获取岩心样品，随后探测器携带的科学仪器就在岩心处，对样品进行实时分析。

（4）样品转运与封装

机械臂将样品运送至特殊的保存装置，采样系统通过特殊的封装方式将样品保存起来。为保证样品数据的可靠性，保存装置需要具有高强度、高密封性等特点，以方便研究人员安全提取内部物质。

3. 关键技术

半个世纪以来，世界各国与地区对月球、火星、小天体等实现了采样探测。在这些采样活动中，除了“阿波罗号”飞船采用人工采样方式外，其余均采用自动采样方式[42]。自动采样任务的完成涉及机械臂、样品密封以及关键采样设备技术，以下对其进行一一介绍。

（1）机械臂技术

机械臂除了能完成仪器放置、定位、操作和撤离等动作外，还可通过操作其末端采样机构执行样品挖掘、转运等操作，完成样品采集与分析等科学目标。

为实现星球土壤或岩石采集，探测器所携带的机械臂同样需具备表 1-1 和表 1-2 所示的技术。此外，针对不同的任务以及不同的星表环境，机械臂需具备防尘、耐高温的能力；要完成科学勘察任务，通常要求机械臂具备展开/折叠、放置仪器，以及定位、挖掘、采样、搬运、自修复等作业功能[45]。

（2）样品密封技术

20 世纪六七十年代美国和苏联实施了多次月球采样返回任务，但是样品的密封容器返回地面后均出现了不同程度的泄漏，使得月球样品受到大气污染，影响了研究工作，因此密封技术是解决样品安全返回问题的关键技术。

迄今为止，在样品采集任务中应用过的密封方式有橡胶材料密封、刀口挤压铟银合金密封、爆炸焊接密封。“阿波罗号”飞船采样返回任务中曾多次使用氟橡胶（氟硅橡胶）作为样品容器的最外层密封材料；刀口挤压铟银合金密封应用于深冷和高真空环境，“阿波罗号”飞船采样返回任务中使用的样本存放容器均采用这种密封方式；爆炸焊接密封方式在火星样品返回任务中得到了应用[46]。

（3）关键采样设备相关技术

① 挖取式自动采样设备

挖取式自动采样设备主要由铲体、盖子、螺线管振荡器、筛网、反向铲、驱动电机等部分组成，如图 1-25 所示。为降低挖的阻力，在机械臂向后拖动时，反向铲可以将坚实的火星土壤翻松，以便铲体能以较小的铲入力完成采样[47]。

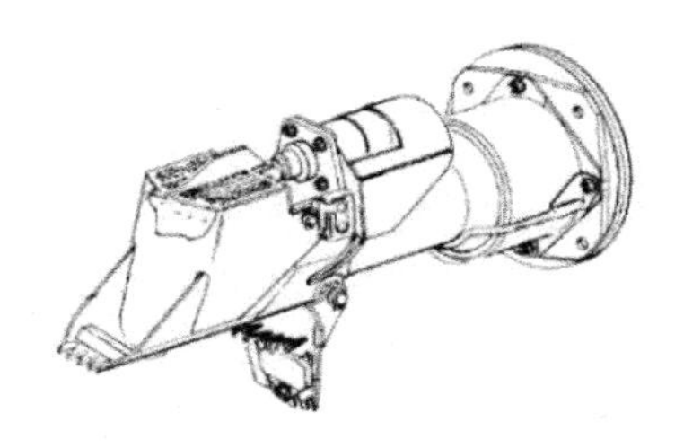

图 1-25　挖取式自动采样设备

② 研磨式自动采样设备

研磨式自动采样设备末端配备岩石研磨工具，如图 1-26 所示。研磨工具通过高速旋转的方式研磨坚硬的岩石，旋转刷和转动刷可及时将研磨产生的岩石屑从工作区域清除[48]。

（a）采样机构

（b）末端研磨工具

图 1-26　研磨式自动采样设备

③ 钻取式自动采样设备

钻取式自动采样设备包括钻进机构、钻进加载机构、样品提取机构等。钻进机构和钻进加载机构可分别驱动钻具做回转运动和向星球土壤内钻进，样品提取机构则可将采集到的样品提取出来，完成样品采集[49]。美国“好奇号”火星探测器上搭载了 1 套臂载回转冲击式钻取采样器，可以实现火星表面多点沙土和岩石样品的采集，如图 1-27 所示。

图 1-27　钻取式自动采样设备

1.3.2 星表基地建设

星表基地建设是长期执行深空探测任务的必要途径，以方便航天员进行科学实验和利用探测器执行空间环境探测、星表科学探测任务[50]。目前已有多个国家及地区对星表基地建设展开研究，但受到资金和技术的困扰，星表基地建设一直滞后于其计划进度。

1. 任务流程

星表基地建设任务包括前期论证准备阶段、基地建设实施阶段和基地运营维护阶段[51]。

（1）前期论证准备阶段

星表基地建设的前期论证准备工作包括选址论证和选址勘探。选址论证需要基于能源、场地等约束，选择最适合星表基地建设的地址，以便于后续任务拓展。选址勘探是在确定基地建设地址后，通过发射在轨探测器、星表巡视探测器或星表穿透器对所选地点进行深入探测。在轨探测器可以对星表的光照条件、星表温度等进行测试；星表巡视探测器可以对选址地点的承载能力、工程施工条件进行评估；星表穿透器可以对星表永久阴影区进行探测。此外，还可联合在轨探测器和星表巡视探测器对该地区是否具有水、冰等资源进行检测。

（2）基地建设实施阶段

星表基地建设实施阶段为星表基地建设的主要阶段，在此期间需要对空间环境等进行科学探测。在选定基地建设地址后，需要完成着陆场和科学探测站建设，以保证当后续设备发射到着陆场后能直接开展部署和建设工作。星表基地建设离不开能源站、对地通信站、航天员保障物资、载人科研站、物资存储设备以及后续保障航天员安全返回的上升器等的投送，星表基地建设的基本需求以及航天员的生活保障等均由物资投送保证。在星表基地建设到一定阶段后，会出现机器人无法胜任的工作，此时需将航天员送上星球表面，完成一些星表机器人无法单独完成的复杂任务，如星表小型生产实验室建设、星表大型生产基地建设以及星表永久阴影区低温实验系统建设等。

（3）基地运营维护阶段

在星表基地已建成的情况下，航天员可在星表基地长期驻留，并开展各类实验以及科学研究，包括星表水冰开采、生物培养等[51]。在这一阶段，仍需不断地向基地投送物资，以保障航天员的生活与工作。

2. 关键技术

星表基地建设是一个庞大的航天基础设施建设项目，建设周期长，涉及多种技术，如星表建设机器人技术、星表设备部署与展开技术、星表物资保障技术、废弃物资综合利用技术等。

（1）星表建设机器人技术

由于机器人具有简单方便、风险小，且不用进行长时间训练等优点，因此采用机器人进行星表基地建设可以节约成本并提高安全性。

星表建设机器人包括星表探测机器人和星表工作机器人。星表探测机器人主要负责对星表选址进行论证与勘探，而星表工作机器人主要负责设备的运输和部署，以及工程施工等基地建设工作，星表工作机器人类型及其作用如表 1-5 所示[52]。

表 1-5　星表工作机器人类型及其作用

类型	作用
“大力士”机器人	该类机器人外形较大、输出力大，适合在舱外工作，能够拆卸、搬运结构较大的物件
全能机器人	该类机器人外形大小适中，既能够在舱外工作、搬运物品，也可以在舱内完成一些较为精细的操作，承担着基地建设的大部分任务
灵巧机器人	该类机器人外形较小、输出力也较小，不能搬运结构较大的物体，只能在舱内工作，主要负责精细操作，如仪器的安装、维护等
智能运输机器人	该类机器人能自动卸载货物，并将货物从着陆场运输到建设场地
开凿和挖掘机器人	该类机器人主要完成星表基地建设过程中的土地平整、道路修建等

（2）星表设备部署与展开技术

星表基地有很多探测站，为实现这些探测站间信息流、能源流、物资流互通，需要综合考虑基地设备部署方案。在此基础上，需将设备从着陆器上卸下，并运至预定部署地点，再完成其展开工作。该过程涉及设备装卸、运输、组装、展开等多个步骤。

（3）星表物资保障技术

星表基地建设开始后，需要从地球不断运输物资至星表，物资补给是基地正常运作的重要保障。优化物资补给和运输方案是节省星表基地建设费用以及提高建设效率的关键技术之一，因此星表物资保障技术是星表基地建设技术的重要组成部分。

（4）废弃物资综合利用技术

为实现星表基地建设，需向星表发射飞行器，而这些飞行器在完成任务后，就变成了废弃资源。同时，将物资从地球运输至星表的代价较大，因此可以从飞行器上卸下有使用价值的部件进行回收利用，作为基地建设备用品，例如飞行器的电池可作为基地能源站的备用物资等。

1.3.3 深空探测任务典型案例

迄今为止，由各航天大国及地区主导的深空探测活动已有 60 多年的历史，本节将对其中的典型案例进行具体介绍。

1. “阿波罗 11 号”飞船

1969 年 7 月，“阿波罗 11 号”飞船成功发射，开启了人类首次月球之旅。随后，参与飞行的美国航天员阿姆斯特朗和奥尔德林踏上月球表面，成为首次登上月球的人类[53]，如图 1-28 所示。

图 1-28 航天员登月

“阿波罗 11 号”飞船由指令舱、服务舱和登月舱 3 部分组成，登月飞行结束后，只有指令舱和 3 名航天员返回地球。在此次登月任务中，航天员在月面执行了月面拍摄、仪器安装、向地面控制中心发送探测信息、月岩和月壤样品采集等任务。此后，美国又共发射了 6 艘阿波罗系列载人飞船进行登月飞行，共有 12 名航天员登上月球，在月面开展了一系列实地考察工作，带回了大量月球土壤和岩石，实地拍摄了月面照片。上述任务的开展初步揭开了月球的真面目。

2. 苏联火星探测器

1960—1974 年间，为探测火星及其空间环境，苏联先后发射了 7 个火星探测器，各探测器的任务执行情况如表 1-6 所示[54]。

表 1-6 苏联火星探测任务

探测器	发射日期	任务类型	任务执行情况
“火星 1 号”（Mars-1）	1960 年 10 月 10 日	飞越	在距离地球约 1 亿千米时出现故障，从而进入黄道平面成为一颗太阳卫星
“火星 2 号”（Mars-2）	1971 年 5 月 19 日	环绕+着陆	首次实现火星表面硬着陆

续表

探测器	发射日期	任务类型	任务执行情况
“火星 3 号”（Mars-3）	1971 年 5 月 28 日	环绕+着陆	首次实现了火星软着陆，但仅在火星工作了 14 s，就出现通信信号中断
“火星 4 号”（Mars-4）	1973 年 7 月 21 日	环绕	探测器结构与“火星 2 号”“火星 3 号”相似，从距离火星 2200 km 处飞过，向地面发回了火星照片；但其制动发动机未启动，未能实现绕火星轨道飞行
“火星 5 号”（Mars-5）	1973 年 7 月 25 日	环绕	探测器结构与“火星 4 号”相同，环绕火星飞行 9 天后与地面失去联系，传回图像 60 幅
“火星 6 号”（Mars-6）	1973 年 8 月 5 日	着陆	探测器外形与“火星 2 号”“火星 3 号”基本相同，探测器从距离火星 1600 km 处飞过，释放了着陆舱，着陆舱在距离火星表面 20 km 打开降落伞，但在即将降落时通信信号中断
“火星 7 号”（Mars-7）	1973 年 8 月 9 日	着陆	探测器结构和任务与“火星 6 号”基本相同，探测器从距离火星 1300 km 处飞过，释放了着陆舱，着陆舱因故障进入双曲轨道，因而任务失败

3. 苏联金星探测器

1961—1984 年间，为探测金星及其空间环境，苏联先后发射了 16 个金星探测器，各探测器的任务执行情况如表 1-7 所示[55]。

表 1-7 苏联金星探测任务

探测器	发射日期	任务类型	任务执行情况
“金星 1 号”（Venera-1）	1961 年 2 月 12 日	飞越	在距地球 756 万千米时通信中断，无法得到探测的结果
“金星 2 号”（Venera-2）	1962 年 8 月 27 日	飞越	获取了金星的射线、磁场等信息，随后出现通信故障
“金星 3 号”（Venera-3）	1965 年 11 月 15 日	着陆	到达了金星表面，但出现了通信故障
“金星 4 号”（Venera-4）	1967 年 6 月 12 日	着陆	着陆舱进入大气层后展开降落伞，当着陆舱下降到距离金星表面为 24.96 km 时，信号停止发射
“金星 5 号”（Venera-5）	1969 年 1 月 5 日	着陆	探测器探测方式同“金星 4 号”相同。在着陆舱下落过程中，获得了 53 min 的探测数据，但当着陆舱下落到距离金星表面 24～26 km 时被大气压压坏
“金星 6 号”（Venera-6）	1969 年 1 月 10 日	着陆	着陆舱一直下降到距离金星表面 10～12 km，且测量了大气数据，但未能发回相关数据

续表

探测器	发射日期	任务类型	任务执行情况
“金星 7 号”（Venera-7）	1970 年 12 月 15 日	着陆	成功传回金星表面温度等数据资料，测得金星表面温度、气压与大气密度
“金星 8 号”（Venera-8）	1972 年 7 月 22 日	着陆	化验了金星土壤，对金星表面的太阳光强度和金星云层进行了电视摄像转播
“金星 9 号”（Venera-9）/“金星 10 号”（Venera-10）	1975 年 6 月 8 日	环绕	探测了金星大气结构和特性，首次发回了摄像机拍摄的金星表面全景图像
“金星 11 号”（Venera-11）	1978 年 9 月 9 日	着陆	成功实现在金星表面软着陆，探测到金星表面闪电
“金星 12 号”（Venera-12）	1978 年 9 月 14 日	着陆	探测到金星上空闪电频繁，记录了其闪电次数
“金星 13 号”（Venera-13）/“金星 14 号”（Venera-14）	1981 年 10 月 30 日 1981 年 11 月 4 日	着陆	着陆舱携带的自动钻探装置深入到金星地表，采集了岩石标本
“金星 15 号”（Venera-15）/“金星 16 号”（Venera-16）	1983 年 6 月 2 日 1983 年 6 月 7 日	环绕+着陆	到达金星附近后，成为金星的人造卫星，每 24 h 环绕金星一周，探测了金星表面以及大气层的情况。着陆设备还钻探和分析了金星土壤

4. 美国火星探测器

自 20 世纪 60 年代起，美国发射了大量的火星探测器。其中，“勇气号”“机遇号”“凤凰号”和“好奇号”探测器成功登陆火星，为研究火星上液态水与生物存在提供了重要数据，其任务执行情况如表 1-8 所示。目前，“好奇号”探测器仍在火星上正常工作，为美国传回大量的火星照片，并采集了多份火星的岩石与土壤样品。

表 1-8　美国火星探测任务

探测器	发射时间	任务执行情况
“勇气号”	2003 年 6 月 10 日	首次实现了对火星土壤取样分析，并通过其携带的机械臂与臂上的打钻机对岩石内部进行探测。此外，“勇气号”探测器还首次从火星上拍到了地球照片[56]
“机遇号”	2003 年 7 月 7 日	首次发现了火星上存在陨石，证明了火星上曾经存在过液态水，并发回了火星岩层照片[56]
“凤凰号”	2007 年 8 月 4 日	在火星上进行采样，发现并证实了冰冻水的存在[57]
“好奇号”	2011 年 11 月 26 日	首次传回了火星全景照片，探测器利用机械臂对火星表面土壤进行采样，并利用特殊仪器进行分析，发现了样品粉末中存在许多生命元素，如氮、氧、氢、硫、磷和碳等，从而认为火星上可能存在微生物[56]

5. 火星快车任务

火星快车（Mars Express，MEX）任务是 ESA 的第一次深空探测任务，目的是寻找火星上有水存在的证据以及探索火星上的生命元素[58]，如图 1-29 所示。MEX 于 2003 年 1 月发射，同年 12 月进入火星轨道，并于 2004 年 1 月到达测绘轨道。

图 1-29　火星快车

MEX 包括 2 个部分，火星轨道器（火星快车卫星）和火星登陆器（“小猎犬 2 号”），由于“小猎犬 2 号”登陆时太阳能帆板未能完全展开，无法与地面取得通信，从而导致任务失败。但 MEX 携带的主要有效载荷，如高分辨率和超分辨率立体彩色成像仪、红外矿物学探测光谱仪等，仍帮助 MEX 在勘测过程中拍摄了大量的火星照片，并探测到火星远古洪流的残留证据。

6.“隼鸟号”探测器

“隼鸟号”（Hayabusa）是 JAXA 为执行小行星探测计划而开发的一种航天器，目的是将“隼鸟号”探测器送往“丝川”小行星，采集小行星星表样品并将其送回地球供科学家研究[59]，如图 1-30 所示。“隼鸟号”探测器于 2003 年 5 月由 M-V 火箭成功发射至太空，经过 2 年 4 个月的飞行，于 2005 年 9 月飞抵距“丝川”小行星 20 km 的预定轨道。

图 1-30　“隼鸟号”探测器

“隼鸟号”探测器利用其携带的红外探测仪和 X 射线探测仪拍摄了小行星的照片，并分析了其表层的密度和成分。此外，“隼鸟号”探测器还利用携带的小金属球撞击小行星表面，使之溅起土壤或岩石碎屑，然后用样品采集装置采集这些飞溅起的土壤或岩石屑。但“隼鸟号”探测器采集到的样品较少，研究人员在样品微粒中发现了橄榄石、斜长石等岩石的大型结晶[60]。

“隼鸟 2 号”（Hayabusa 2）探测器是“隼鸟号”探测器的后继型号，于 2014 年 12 月发射升空，并于 2019 年 2 月在“龙宫”小行星表面成功着陆，同年 4 月向“龙宫”小行星表面发射了一颗大金属球，金属球击中小行星表面后，大量土壤和岩石溅起，“隼鸟 2 号”探测器收集了飞溅起的星表样品并计划将其带回地球进行分析，如图 1-31 所示。“隼鸟 2 号”探测器已经于 2020 年 12 月将样品成功带回地球。

图 1-31 “隼鸟 2 号”探测器

7. 金星快车

金星快车（Venus Express，VEX）是 ESA 的首个金星探测器，如图 1-32 所示，目的是对金星大气和等离子体环境进行全面的调查[61-62]。VEX 于 2005 年 11 月从哈萨克斯坦境内的拜科努尔航天发射场发射升空，并于次年 6 月到达金星轨道[63]。

图 1-32 金星快车

VEX 配备了空间等离子体与高能原子分析仪、行星傅里叶光谱仪、金星大气特征研究分光计、金星射电探测仪、可见光与红外热成像光谱仪、金星监测相机、磁强计等科学仪器。这些科学仪器帮助 VEX 拍摄了金星图像，发现了金星阴面存在一层薄薄的臭氧层，并且还观测到了“磁重联”的现象[61-62]。

8. “嫦娥”系列探测器

我国的深空探测活动起步于月球探测，并命名为“嫦娥工程”。2007 年，“嫦娥一号”月球探测器成功发射升空，在完成各项使命后，于 2009 年按预定计划受控撞月，如图 1-33 所示。此后，各“嫦娥”系列探测器任务均圆满完成了“绕、落、回”的目标，使我国掌握了环月与月表探测、月面软着陆、月地再入返回、月面采样返回等关键技术，具备了发射、测控、通信及回收等能力。自 2003 年启动探月工程一期研制以来，我国已成功实施了 6 次探测任务，具体情况如表 1-9 所示。

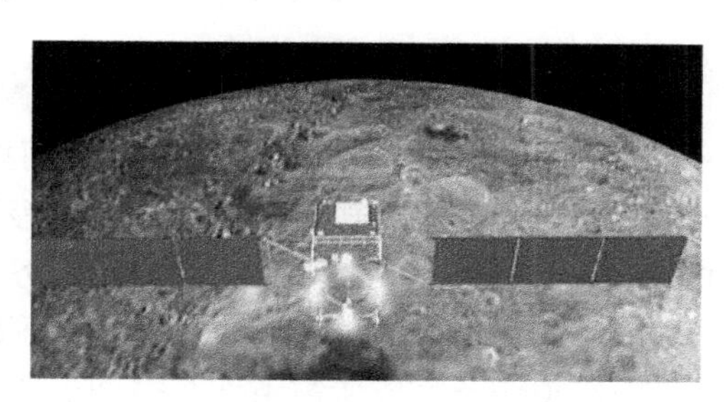

图 1-33　“嫦娥一号”探测器

表 1-9　“嫦娥”系列探测器任务

探测器	发射时间	目标	成果
“嫦娥一号”	2007 年 10 月 24 日	获取高精度月球表面三维影像	初步构建了月球探测的航天工程系统，获取了全月球表面的遥感图像，探测了地月空间环境，使中国掌握了绕月探测技术
“嫦娥二号”	2010 年 10 月 1 日	获取高精度月球表面三维影像	获得了 7 m 分辨率全月图和备选着陆区分辨率优于 1.5 m 的局部影像图
“嫦娥三号”	2013 年 12 月 2 日	实现月球软着陆和巡视探测	实现了我国首次地外天体软着陆和巡视勘察，使我国掌握了月球着陆和巡视探测技术，进一步完善了我国月球探测工程体系
月地高速再入返回飞行器	2014 年 10 月 24 日	实现第二宇宙速度再入返回	构建了月地高速再入返回工程体系，实现了第二宇宙速度安全返回，并开展了月地往返多目标探测
“嫦娥四号”	2018 年 12 月 8 日	实现月球背面着陆	使我国掌握了月背着陆技术，通过低频射电的频谱仪获得月背在低频观测段的信息，为研究恒星起源和星云演化提供了重要资料
“嫦娥五号”	2020 年 11 月 24 日	实现月面采样返回	使我国掌握了月面自动采样与封装、月面起飞、月球轨道交会对接、月球样品储存等关键技术，为我国未来开展载人登月积累了人才、技术基础

深空探测的对象通常都是月球、火星、金星和小行星，探测方式经过了飞越、环绕、硬着陆、软着陆、巡视和采样返回等多个阶段，目前在相关技术的支撑下，人类已实现对这些星球进行环境观测和样品采集。此外，已有多个国家提出星表基地建设的计划，但这一计划涉及的技术范围广、难度高，且在任务实施之前就需开展相关的设计工作与验证工作，因而实际进度均慢于其计划进度，目前仍处于计划阶段。因此，为更好地开展深空探测任务，需进行长期规划，并加强技术储备。

1.4 小结

本章系统阐述了包括在轨服务和深空探测在内的空间探索任务的发展历程。基于在轨服务任务，着重分析了在轨装配、在轨维护等任务的流程和关键技术，并梳理总结了在轨服务典型案例；基于深空探测任务，着重分析了样品采集和星表基地建设的任务流程和关键技术，并梳理总结了深空探测任务典型案例。综合考虑以上各操作类任务完成所需条件，空间机器人在在轨服务和深空探测中扮演着举足轻重的角色，可代替人类完成一系列空间探索任务，从而极大地拓展人类的空间探索领域。

参考文献

[1] LI W J, CHENG D Y, LIU X G, et al. On-orbit service (OOS) of spacecraft: a review of engineering developments[J]. Progress in Aerospace Sciences, 2019, 108: 32-120.

[2] WU W R, LIU W W, QIAO D, et al. Investigation on the development of deep space exploration[J]. Science China Technological Sciences, 2012, 55(4): 1086-1091.

[3] 吴伟仁，刘旺旺，蒋宇平，等. 国外月球以远深空探测的发展及启示(上)[J]. 中国航天，2011，7: 9-12.

[4] 贾平. 国外在轨装配技术发展简析[J]. 国际太空，2016, 12(12): 61-64.

[5] 张天驰. 3D 打印技术在太空的应用[J]. 太空探索，2016，8: 36-39.

[6] 黄攀峰，常海涛，鹿振宇，等. 面向在轨服务的可重构细胞卫星关键技术与展望[J]. 宇航学报，2016, 37(1): 1-10.

[7] 靳力，瞭望. 欧洲自动货运飞船首次向“国际空间站”提供燃料[J]. 航天器工程，2008, 17(4): 76.

[8] 芦瑶. 空间在轨装配技术发展历程研究[D]. 哈尔滨: 哈尔滨工业大学，2011.

[9] BARTLETT R O. NASA standard Multimission Modular Spacecraft for future space exploration[R]. Washington: NASA，1978.

[10] 马尚君，刘更，吴立言，等. 航天器结构的模块化设计方法综述[J]. 机械科学与技术，2011, 30(6): 960-967.

[11] 唐琼，焉宁，张烽. 国外在轨燃料加注站构型研究[J]. 国际太空，2017，11: 60-64.

[12] 饶大林，闫指江，王书廷，等. 常规推进剂在轨加注技术研究现状与趋势[J]. 导弹与航天运载技术，2015，5: 50-54.

[13] 古浪. 空间大型机械臂末端执行器电气系统的研究[D]. 哈尔滨: 哈尔滨工业大学，2013.

[14] 谭春林，刘永健，于登云. 在轨维护与服务体系研究[J]. 航天器工程，2008, 17(3): 45-50.

[15] 孙志兵，梁建烈，张荣之. 空间碎片清理方式与总体思路[J]. 广西民族大学学报(自然科学版)，2017, 23(1): 55-59.

[16] 翟光，仇越，梁斌，等. 在轨捕获技术发展综述[J]. 机器人，2008，30(5): 467-480.

[17] 蔡洪亮，高永明，邴启军，等. 国外空间非合作目标抓捕系统研究现状与关键技术分析[J]. 装备指挥技术学院学报，2010, 21(6): 71-77.

[18] TARABINI L, GIL J, GANDIA F, et al. Ground guided CX-OLEV rendezvous with uncooperative geostationary statellite[J]. Acta Astronautica, 2007，61(1): 312-325.

[19] 李新刚，裴胜伟. 国外航天器在轨捕获技术综述[J]. 航天器工程，2013, 22(1): 113-119.

[20] HIRZINGER G, BRUNNER B, LAMPARIELLO R, et al. Advances in orbital robotics[C]// 2000 IEEE International Conference on Robotics and Automation. Piscataway，USA：IEEE, 2000: 898-907.

[21] 王超，董正宏，尹航，等. 空间目标在轨捕获技术研究综述[J]. 装备学院学报，2013, 24(4): 63-66.

[22] 徐映霞. 微纳卫星的几种在轨发射方法[J]. 国际太空，2016，7: 72-77.

[23] 张坤，谷良贤. 基于 AHP 法的在轨发射方案评价[J]. 工业仪表与自动化装置，2010(5): 11-14.

[24] 高滨. 火工驱动分离装置的应用[J]. 航天返回与遥感，2004，25(1): 55-59.

[25] 蔡逢春，孟宪红. 用于连接与分离的非火工装置[J]. 航天返回与遥感，2005，26(4): 50-55.

[26] 覃慧. 航天器在轨对地释放技术概念研究[D]. 长沙：国防科学技术大学，2006.
[27] 陈小前，袁建平.航天器在轨服务技术[M]. 北京：中国宇航出版社，2009.
[28] 程福臻. 哈勃空间望远镜辉煌的 19 年[J]. 科学，2009，61(4): 22-25.
[29] BOSSE A B, BARNDS W J, BROWN M A, et al. SUMO: spacecraft for the universal modification of orbits[C]//Spacecraft Platforms and Infrastructure. Bellingham, WA: SPIE, 2004, 5419: 36-46.
[30] VISENTIN G, BROWN D L. Robotics for geostationary satellite servicing[J]. Robotics & Autonomous Systems, 1998, 23(1-2):45-51.
[31] IMAIDA T, YOKOKOHJI Y, DOI T, et al. Ground-space bilateral teleoperation experiment using ETS-VII robot arm with direct kinesthetic coupling[C]//2001 IEEE International Conference on Robotics and Automation. Piscataway, USA：IEEE, 2001: 1031-1038.
[32] 歌今. 日本工程试验卫星-7 引人注目[J]. 国际太空，1997，8: 20-25.
[33] ODA M. Results of NASDA's ETS-VII Robot Mission and Its Applications[C]//The 4th International Conference and Exposition on Robotics for Challenging Situations and Environments-Robotics 2000. Reston, VA, USA：ASCE, 2000: 32-48.
[34] FRIEND R B. Orbital Express program summary and mission overview[C]// Sensors and Systems for Space Applications. Bellingham, WA: SPIE , 2008: 1-11.
[35] GLADUN S A. Investigation of close-proximity operations of an autonomous robotics on-orbit servicer using linearized orbit mechanics[D]. Gainesville: University of Florida, 2005.
[36] 韩淋，杨帆，范唯唯，等. 国际空间站科研应用活动分析与启示[J]. 载人航天，2019，25(6):834-840.
[37] 张凯锋，周晖，温庆平，等. 空间站机械臂研究[J]. 空间科学学报，2010，30(6): 612-619.
[38] GEFKE G, JANAS A, CHIEI R, et al. Advances in robotic servicing technology development[C]//AIAA SPACE 2015 Conference and Exposition. Pasadena, United States：AIAA, 2015: 1-9.
[39] 周建平. 天宫一号/神舟八号交会对接任务总体评述[J]. 载人航天，2012，18(1): 1-5.
[40] 文汇. 天宫二号空间实验室实现多项“首次”验证[J]. 中国航天，2016，11: 4-7.
[41] 周建平. 中国空间站工程总体方案构想[J]. 太空探索，2013，12: 6-11.
[42] 刘志全，庞彧，李新立. 深空探测自动采样机构的特点及应用[J]. 航天器工程，2011，20(3): 120-125.
[43] ZACNY K, PAULSEN G, MCKAY C P, et al. Reaching 1m deep on Mars: the

icebreaker drill[J]. Astrobiology, 2013, 13(12): 1166-1198.
[44] 节德刚，李晟诚，唐钧跃，等. 基于 1553B 的钻取采样动作流程规划实现[C]// 中国宇航学会深空探测技术专业委员会第九届学术年会论文集(下册). 杭州: 中国宇航学会，2012: 80-86.
[45] 陈引生. 月壤采样机械臂设计及动态特性研究[D]. 哈尔滨: 哈尔滨工业大学，2009.
[46] 张斌，俞敏，杨华勇. 深空样品密封技术综述[J]. 航天器环境工程，2013, 30(1): 26-33.
[47] 鄢泰宁，补家武，王恒. 月面钻取采样——中国钻探界面临的新任务展望[J]. 探矿工程，2003，1: 9-10.
[48] MCLENNAN S M, ANDERSON R B JF, BRIDGES J C, et al. Elemental geochemistry of sedimentary rocks at yellow knife bay, gale crater, Mars[J]. Science, 2014, 343(6169): 1-10.
[49] 庞彧，刘志全，李新立. 月面钻取式自动采样机构的设计与分析[J]. 中国空间科学技术，2012, 32(6): 16-22.
[50] 林一平. 太空基地和太空工业化[J]. 江苏航空，2000，1: 46-48.
[51] 袁勇，赵晨，胡震宇. 月球基地建设方案设想[J]. 深空探测学报，2018, 5(4): 374-381.
[52] 吴国兴. 月球基地建设前的准备工作[J]. 太空探索，2006，5: 42-45.
[53] 韩鸿硕，蒋宇平. 各国登月计划及载人登月的目的与可行性简析(上)[J]. 中国航天，2008，9: 30-33.
[54] 牟旭娜，陈昌亚，李金岳，等. 前苏联/俄罗斯火星探测器研制特点[J]. 上海航天，2013, 30(4): 38-42.
[55] 庾莉萍. 探测金星的历程(二)[J]. 科学与无神论，2006，2: 31-32.
[56] ZOU Y L, WANG Q. Vision and voyages for deep space exploration[J]. 空间科学学报，2016, 36(5): 606-609.
[57] 司马杭仁. 涅槃重生走钢丝 安全着陆是关键 “凤凰”奔向火星[J]. 太空探索，2007，9: 12-15.
[58] 陈世平. “火星快车”的有效载荷[J]. 国际太空，2004，7: 26-31.
[59] YOSHIKAWA M, FUJIWARA A, KAWAGUCHI J, et al. The nature of asteroid Itokawa revealed by Hayabusa[M]//MILANI A, VALSECCHI G B, VOKROUHLICKY D. Near Earth Objects, our Celestial Neighbors: Opportunity and Risk. Cambridge: Cambridge University Press, 2007: 401-416.
[60] 庞统. 日本隼鸟号小行星探测器返回地球[J]. 国际太空，2010，8: 28-33.

[61] 晓雨. 欧空局的“金星快车”探测器(上)[J]. 中国航天，2006，2: 41-44.

[62] 晓雨. 欧空局的“金星快车”探测器(下)[J]. 中国航天，2006，3: 41-44.

[63] SVEDHEM H, TITOV D V, MCCOY D, et al. Venus Express—the first European mission to Venus[J]. Planetary and Space Science, 2007, 55(12): 1636-1652.

第2章 空间机器人概述

随着空间探索的进一步深入，在轨服务和深空探测所包含的任务类型逐渐增多。空间机器人由于具有高度的智能性、自主性以及灵活的机动性，因而被广泛应用于空间探索任务中。广义的空间机器人指一切应用于航天领域的智能设备。考虑到空间机器人在执行空间环境科学试验、地外天体样品采集、航天员出舱辅助等任务时，大多需要机械臂参与操作，因而狭义的空间机器人定义为包含基座和机械臂的智能设备。本书所述对象即为狭义上的空间机器人。本章首先阐明空间机器人概念及构成，然后介绍一系列典型空间机器人系统，接着给出常见的空间机器人分类方式，最后对空间机器人应用特点进行总结分析。

| 2.1 空间机器人概念及构成 |

空间机器人是一种在航天器、空间站或地外天体上作业的智能通用设备，其主要由基座和搭载在基座上的机械臂组成，用于执行空间站建造与运营支持、卫星组装与维修、行星表面探测与实验等任务[1-2]。空间机器人系统较为复杂，主要包括空间段部分和地面段部分。空间段部分指的是在轨道或地外天体上执行任务的部分，为空间机器人的主体部分，涵盖空间机器人各主要功能单元（如感知单元、控制单元、执行单元等），以及空间遥操作单元；地面段部分指配置在地面上的功能单元，用于执行空间段部分的操作指令输入、反馈信息接收、工作状态监控等任务，也称作空间机器人的地面遥操作系统。

空间机器人一般由机械系统、感知系统、控制系统、能源系统、热控系统、通信系统、人机交互系统等组成[3]，如图 2-1 所示。

（1）机械系统：支持空间机器人执行规定动作的系统，由依据空间机器人任务要求设计的具有特定形式的机械部件构成，通常包括压紧释放组件、驱动机器人的关节、连接关节的连杆、执行特定操作的末端执行器等执行单元以及驱动空间机器人基座运动的驱动单元等。

（2）感知系统：支持空间机器人获取工作环境、操作对象及自身状态信息的系统，通常包括获取视觉信息的成像设备、获取力觉/触觉信息的力觉/触觉传感器等感知单元及其信息处理单元等。

（3）控制系统：支持空间机器人完成分析、决策、规划和控制的系统，通常由处理芯片和外围电路等构成的控制器、处理模块（交换机等）等硬件单元和包含分析、决策、规划、控制能力的软件单元等组成。

（4）能源系统：支持空间机器人获取外部能源，并按照各组成部分的能源需求完成配电工作的系统，通常包括供电单元、配电单元、电缆网等。

（5）热控系统：支持空间机器人将各组件、器件的温度保持在其许用温度范围内的系统，通常包括由多层隔热组件、热控涂层等组成的被动热控单元，以及由测温元件、控温元件、热控电路等组成的主动热控单元。

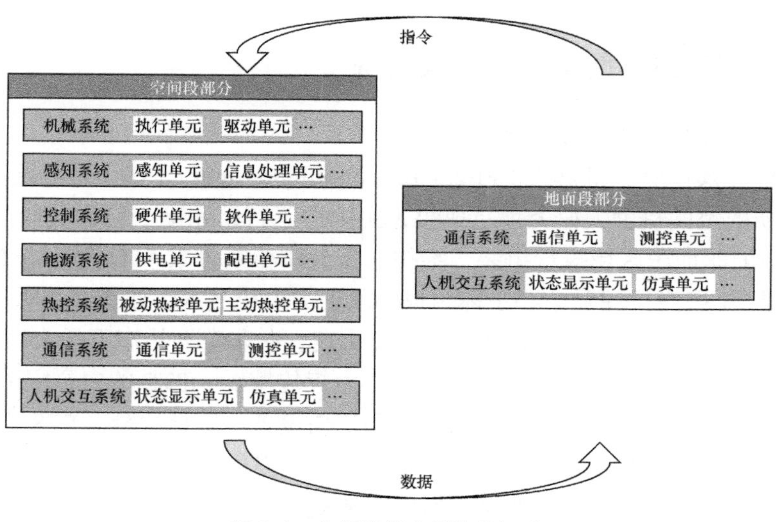

图 2-1 空间机器人系统的组成

（6）通信系统：支持空间机器人与其他系统进行通信的系统，包括进行信息交互所涉及的通信单元，以及天地交互所需的测控单元等。

（7）人机交互系统：支持操作人员对空间机器人进行多种模式控制的系统，通常包括人机交互接口设备、空间机器人状态反馈显示模块等。目前常用的人机交互方式是遥操作模式，该种模式下的人机交互系统也称遥操作系统，通常包括空间机器人获取的外部信息（包括环境和操作对象）和自身状态信息的显示单元、控制指令输入单元、控制结果仿真单元等。

在执行任务过程中，空间机器人一般具有上述全部7个系统。但是对于一些具有高自主能力的空间机器人而言，其可在无人参与情况下自主完成空间操作任务，则不需要配置人机交互系统。此外，对于任务及功能相对简单的空间机器人，也可以将部分系统合并，如将热控系统并入机械系统，将能源系统并入控制系统等[3]。

2.2 典型空间机器人系统

随着各国对空间探索任务的深入，空间机器人被广泛用于辅助或替代人类执行任务。因此，各航天大国和地区相继开发了一系列空间机器人系统。本节主要针对美国、加拿大、欧洲、日本和中国的典型空间机器人系统进行相关介绍。

2.2.1 美国的典型空间机器人系统

1. 飞行遥操作服务机器人

飞行遥操作服务机器人（Flight Telerobotic Servicer，FTS）是美国 20 世纪 80 年代初的空间机器人研究项目成果，主要用于帮助和减少航天员舱外活动，在空间站的非加压区域执行组装、维护、服务和检查等繁杂任务[4]。FTS 由 2 条机械臂、1 条定位腿及中心主体组成，属于类人机器人，如图 2-2 所示。2 条机械臂结构对称，每条机械臂具有 7 个自由度，在非奇异状态下最大可提供 89 N 的力和 27 N·m 的力矩，末端安装有力/力矩传感器。FTS 的中心主体包括中央控制计算机、电力转换器、数据管理和通信设备。除此之外，FTS 上还装有 4 台摄像机，其中 2 台摄像机装在中心主体上，提供工作场景视角，另外 2 台摄像机装在手腕处，提供末端执行的近距离视角。

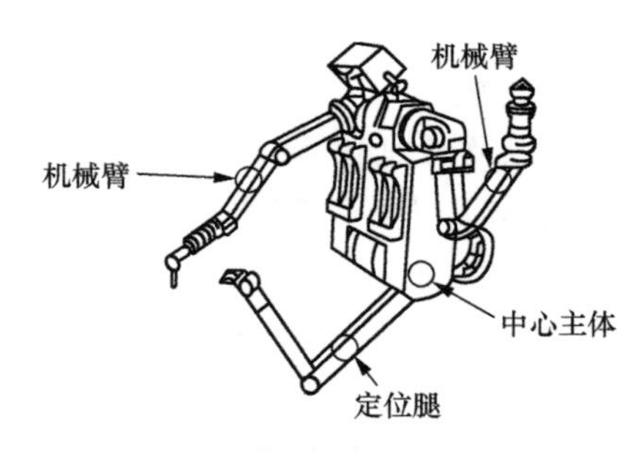

图 2-2　飞行遥操作服务机器人

2. 航天工作者

航天工作者（Skyworker）于 2001 年由美国卡内基梅隆大学提出，属于附着移动机器人，该机器人借助所在支撑平台的反作用力，可移动并操纵各种载荷进行工作，主要用于进行大型空间结构的自主装配、检测和维修等工作，如图 2-3 所示[5]。当承受载荷较大时，Skyworker 采用连续步态保持负载匀速运动，避免了每一步均进行加减速，这种工作方式可以在反作用力较小的情况下使能量利用率更高。Skyworker 共有 11 个关节，每个关节能够以 57 °/s 的速度运行，并输出 32 N·m 的扭矩。另外，机器人末端夹具的设计类似钳子结构，为四连杆机构，该设计可抵消由步态产生的动态力矩和重力补偿系统产生的干扰力。

图 2-3　航天工作者

3. 遥控飞行试验漫游者

遥控飞行试验漫游者（Ranger Telerobotic Flight Experiment，Ranger TFX）是由美国马里兰大学空间系统实验室于 1992 年研制出的具有自由飞行能力的空间机器人，主要用于满足哈勃太空望远镜机器人服务的需求，如图 2-4 所示[6]。Ranger TFX 质量约为 800 kg，并且配置 4 条机械臂，分别是 2 条八自由度且末端带变结构执行器的灵巧机械臂，用于执行负载的相关操作，1 条七自由度且末端带手爪的抓取机械臂，用于提供机器人与工作台之间的刚性连接，1 条七自由度且末端带相机的专用摄像机械臂，为灵巧机械臂执行任务提供环境信息，以便于操作的精确定位。

图 2-4　遥控飞行试验漫游者

4. 机器宇航员 2 号

机器宇航员 2 号（Robonaut 2，R2）是 NASA 与通用汽车公司联合开发的面向空间应用的类人型双臂机器人，主要用于帮助航天员完成维修任务，如图 2-5 所示[7]。R2 上身共有 42 个自由度，其中颈部有 3 个自由度，腰部有 1 个自由度，2 条对称的机械臂各有 7 个自由度；同时，机械臂末端均安装了仿人灵巧手，每只手有 5 根手指，共有 12 个自由度，其有强大的环境感知和灵巧操作能力，可以完成抓取非合作目标的操作。为了能够给 R2 提供必要的机动能力，NASA 目前已安装了 2 条七自由度的仿人型下肢。R2 自 2011 年 2 月被运送至国际空间站以来，已经完成了一系列任务，验证了其在微重力条件下的功能，如按动按钮、拨动开关和旋转旋钮等。

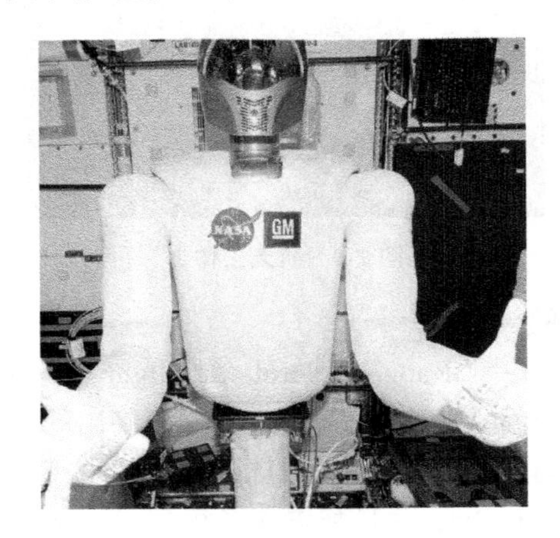

图 2-5　机器宇航员 2 号

5. "勇气号"和"机遇号"火星探测器机械臂

"勇气号"（Spirit）和"机遇号"（Opportunity）火星探测器先后于 2003 年 6 月 10 日和 2003 年 7 月 8 日发射，主要完成的探测任务是判断火星上是否存在过生物、明确火星气候特征、掌握火星地质特征等，如图 2-6 所示[8]。"勇气号"和"机遇号"火星探测器是一对"双胞胎"，它们长 16 m，宽 23 m，高 1.5 m，质量为 174 kg，大小与高尔夫球场的小车相似。火星探测器上配备有 1 条长度约为 1 m 且具有 5 个自由度的机械臂，最大负载能力约 2 kg，末端定位误差小于 5 mm，重复定位误差小于 4 mm。除此之外，该探测器上还携带有多种用于科学研究的装置，主要包括摄像机、显微成像仪、全色相机、微型热辐射光谱仪、穆斯堡尔光谱仪、岩石研磨工具等[9]。

图 2-6　“勇气号”/“机遇号”火星探测器

6. “凤凰号”火星探测器

“凤凰号”(Phoenix)火星探测器于 2007 年 8 月 4 日发射升空，并于 2008 年 5 月 26 日在火星北极区域着陆，主要目的是针对北极永冻土研究冰的融化情况，寻找有机化合物的踪迹，以确定生命活动情况。“凤凰号”火星探测器的平台直径为 1.5 m，高约 2.2 m，其中心是 1 个多面体仪器舱，舱左右两侧各展开一面正八边形太阳能电池阵，跨度 5.52 m，如图 2-7 所示[10]。该探测器配备有 1 条长度约为 2.35 m 且具有 4 个自由度的机械臂，用于挖掘沟槽、铲挖土壤和水冰的样品，并将这些样品送入着陆器甲板上的科学分析仪器进行详细的化学和地质学分析。除此之外，该探测器还携带多种科学探测设备，包括机械臂相机、显微镜电化学与传导性分析仪、热量和释出气体分析仪、表面立体成像仪、火星降落成像仪和气象站等。

图 2-7　“凤凰号”火星探测器

7. “好奇号”火星探测器

“好奇号”(Curiosity)火星探测器于 2011 年 11 月 26 日发射升空，并于

2012年8月6日在火星表面着陆[11]，主要用于进行火星气候和地质的调查，评估所选定的场址是否曾提供有利于微生物生存的环境条件，以及为探索人类宜居的行星研究做准备。该探测器上安装有长度为2.1 m且具有5个自由度的机械臂，主要用于火星表面的土壤采样；携带有化学和矿物学分析仪、火星样本分析仪等多种科学探测仪器，主要用于对样品的分析，如图2-8所示。

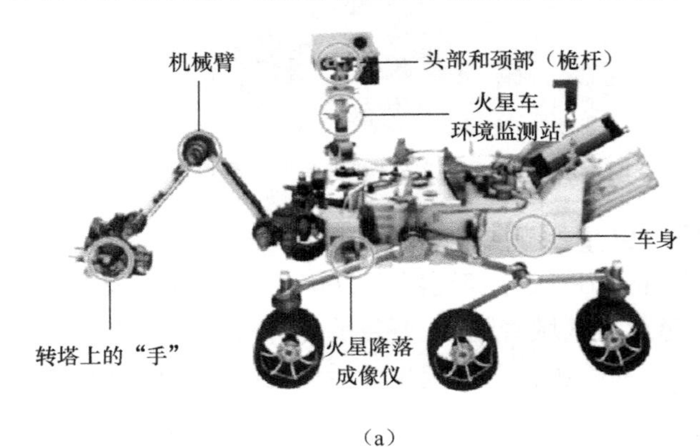

（a）

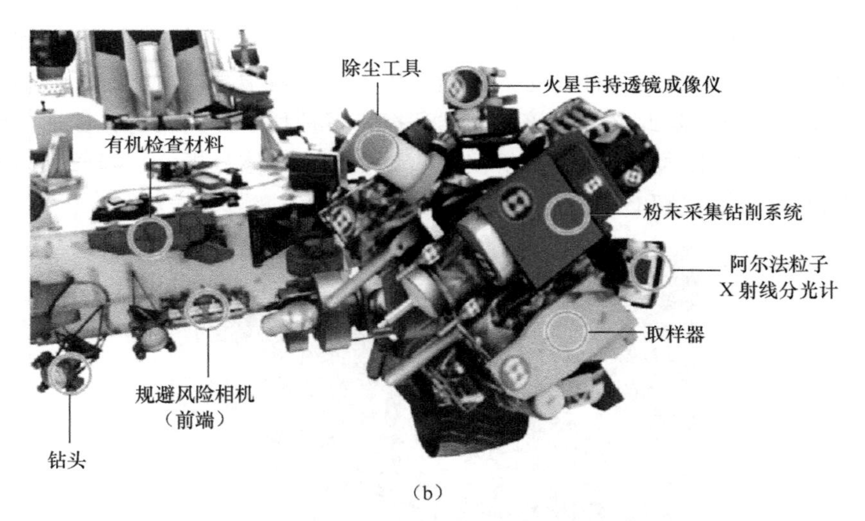

（b）

图2-8 “好奇号”火星探测器

2.2.2 加拿大的典型空间机器人系统

1. 加拿大航天飞机远程机械臂系统

加拿大航天飞机远程机械臂系统（Shuttle Remote Manipulator System，

SRMS）也称加拿大 1 号臂，于 1975 年开始研制，是人类历史上第一个成功应用于飞行器的空间机械臂，安装在航天飞机上，主要用于部署、固定、回收有效载荷，转移和支持航天员舱外作业，维修卫星，建造国际空间站以及辅助观测国际空间站等空间操作任务，如图 2-9 所示[12-14]。SRMS 长度约 15.2 m 且具有 6 个自由度，最大载荷质量约为 30 000 kg，肘部和腕部安装了相机，质量约为 410.5 kg。肘部相机可为隔壁舱、操作臂以及有效载荷提供可视画面，腕部相机可以协助末端执行器和捕获机构的操作。SRMS 采用航天员在轨操作方式进行控制，航天飞机内的航天员通过舱内机器人工作站操作 SRMS，操作模式包括自动模式、手动增强模式、单关节驱动模式、直接驱动模式以及备份驱动模式。

图 2-9　加拿大航天飞机远程机械臂系统

2. 加拿大移动服务系统

加拿大移动服务系统（Mobile Servicing System，MSS）用于国际空间站的搭建和维修，主要由空间站遥控机械臂系统（Space Station Remote Manipulator System，SSRMS）、专用灵巧机械臂（Special Purpose Dexterous Manipulator，SPDM）系统以及活动基座系统（Mobile Base System，MBS）组成[15-17]。空间站遥控机械臂系统也可称为加拿大 2 号臂，于 2001 年发射，是 1 条长度为 17.6 m 且具有 7 个自由度的机械臂系统，最大载荷质量高达 116 000 kg，具有较高操作灵活性，如图 2-10 所示[18]。SPDM 是 1 个双臂机器人系统，可安装在空间站遥控机械臂系统的末端，长度约为 3.5 m，最大载荷质量为 600 kg，能够实现对载荷的灵巧操作，完成维修航天器的服务任务，如模块更换、燃料加注等[19-21]。航天员根据反馈的实时视频图像，通过机器人操作台（Robot Work Station，RWS）操作面板、手柄等设备完成对 MSS 的控制。近年来，对于部分常规例行检查任务，主要通过地面遥操作的方式对 MSS 进行控制，减轻了航天员的工作负担[22]。

图 2-10　加拿大移动服务系统

2.2.3　欧洲的典型空间机器人系统

1. 机器人技术验证系统

机器人技术验证系统（Robot Technology Experiment，ROTEX）由德国于 1986 年研制，是世界上首个具有地面遥操作功能的空间机器人[23]，如图 2-11 所示。ROTEX 于 1993 年在“哥伦比亚号”航天飞机上进行了飞行演示，执行了抓取物体、机械装配及拔插电插头等多个试验任务。ROTEX 安装了 1 条六自由度机械臂，其末端夹持器上装设有多类传感器，主要包括六维力/力矩腕部传感器、触觉阵列、激光测距传感器组成的传感器阵列和微型相机。

图 2-11　机器人技术验证系统

2. ESS系统

ESS系统于1994年由德国航空航天中心发起研制，主要任务是将机器人技术验证系统中已验证的遥操作思想用于自由飞行机器人，如图2-12所示。该机器人上携带有多种装置，主要包括功率传感器、由激光测距传感器组成的阵列、相机和1条机械臂。同时，机械臂末端配置有手爪，该手爪通过图像处理可以跟踪选定目标的运动。

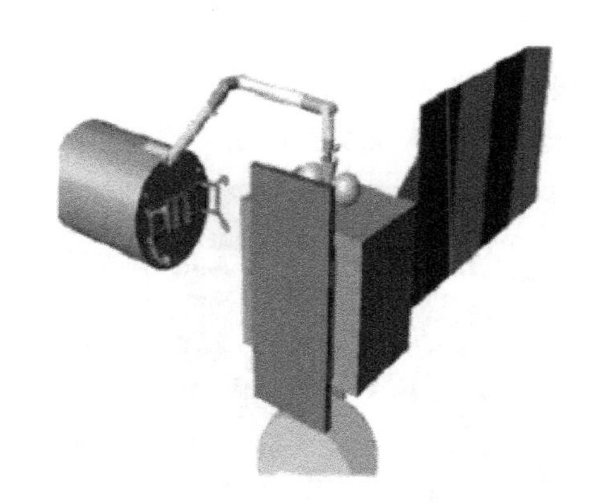

图2-12 ESS系统

3. 国际空间站机器人组件验证系统

国际空间站机器人组件验证系统（Robotics Component Verification on the ISS，ROKVISS）主要用于验证机械臂的动力学与控制模型等底层模型和设计特性，该系统于2004年跟随俄罗斯“进步号”宇宙飞船发射升空，然后在国际空间站上进行飞行试验，并进行了相关试验验证[24]。ROKVISS中的机器人包含2个轻型旋转关节，同时配备有立体相机和多种传感器。此外，其末端执行器为触笔，可用于在各种操作模式下跟随给定的轨迹，如图2-13所示。

图2-13 国际空间站机器人组件验证系统

4. 欧洲机械臂

欧洲机械臂(European Robotic Arm，ERA)由荷兰空间中心研制，预计 2021 年发射，主要用来对国际空间站的俄罗斯舱段进行装配、维护，并可以利用机械臂末端的红外相机对舱段进行检查，如图 2-14 所示。ERA 是 1 条可重定位、完全对称的 7 关节机械臂，长度约为 11.3 m，最大载荷质量可达 8000 kg[25]。该机械臂系统空间段部分包括机械臂、舱内人机交互设备、舱外人机交互设备、中央控制计算机、支撑设施以及工具库等；地面段部分包括任务准备和训练设备，用来实现对 ERA 任务的设计、训练、在线操作支持以及评估。除此之外，航天员还可以在空间站舱内或舱外通过人机交互设备对该机械臂进行操作。

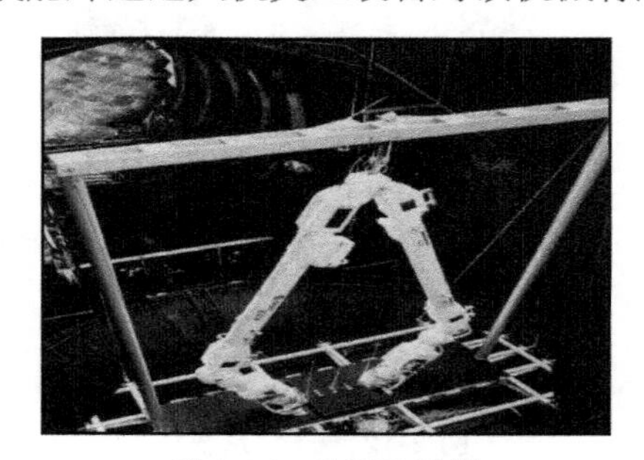

图 2-14　欧洲机械臂

5. 空间舱外维修检查装置

空间舱外维修检查装置（Space Inspection Device for Extravehicular Repairs，SPIDER）由意大利空间局（Italian Space Agency，ISA）于 20 世纪末设计，是 1 个具有高度自主性的自由飞行空间机器人系统，主要任务是对在轨结构进行近距离监测及维修 [26] ，如图 2-15 所示。SPIDER 配置有 1 条具有 7 个自由的机械臂，包含腕部、肘部和肩部，其质量为 58 kg，工作空间可近似包络为 1 个直径为 1.45 m 的球体，最大负载为 250 kg，末端位置控制精度为 0.001 m/0.05° ，最大线速度为 0.1 m/s，最大角速度约为 5.73 °/s。

图 2-15　空间舱外维修检查装置

2.2.4　日本的典型空间机器人系统

1. 机械臂飞行演示系统

机械臂飞行演示系统（Manipulator Flight Demonstration，MFD）于 1997 年开始研制，是日本的首个空间机械臂试验项目，用于日本实验舱远程机械臂系统中小精细臂的飞行演示测试[27]，如图 2-16 所示。其主要任务是对小精细臂运动性能进行评估，即使用机械臂对 ORU 的安装与卸载、门的开及关、地面遥操作等能力进行演示试验等。

图 2-16　机械臂飞行演示系统

2. ETS-Ⅶ

ETS-Ⅶ是世界上第一个真正的自由飞行空间机器人系统，于 1997 年发射升空[28]，如图 2-17 所示，其主要目的是进行 2 颗卫星的交会对接试验和空间机器人各种操作试验。ETS-Ⅶ由追踪卫星和目标卫星组成，其中追踪卫星上配备有机械臂，该机械臂具有 6 个自由度，长度为 2.4 m，第一关节与最后关节处分别安装有 1 台相机，同时末端安装有长度约为 0.15 m 的三指灵巧机器手系统。

图 2-17　ETS-Ⅶ系统

3. 日本实验舱远程机械臂

JAXA 研制的日本实验舱远程机械臂（Japanese Experiment Module Remote Manipulator System，JEMRMS）由主臂（Main Arm，MA）和小精细臂（Small Fine Arm，SFA）串联组成，于 2008 年发射，安装在国际空间站的日本实验舱段，用于支持和操作在暴露设施与实验后勤舱暴露部分上进行的试验，还可以支持空间站相应区域的维护工作，以减轻航天员舱外活动的工作负担，如图 2-18 所示[29-32]。JEMRMS 主臂长度约为 10 m，具有 6 个自由度，其最大载荷质量可达 7000 kg；小精细臂长度约为 2.2 m，具有 6 个自由度，柔顺控制模式下的最大载荷质量可达 80 kg，一般与主臂辅助完成一些精细或柔顺作业。航天员根据反馈的实时视频图像，通过舱内操作台相关设备可实现对实验舱远程机械臂的操作控制[33-34]。近年来，JEMRMS 也可以通过地面遥操作的方式进行控制。

图 2-18 日本实验舱远程机械臂

2.2.5 中国的典型空间机器人系统

1. 中国空间站远程机械臂系统

中国空间站远程机械臂系统（Chinese Space Station Remote Manipulator System，CSSRMS）由核心舱机械臂（Core Module Manipulator，CMM）和实验舱机械臂（Experimental Module Manipulator，EMM）组成，其操作对象一般为合作目标，主要用于完成空间站舱段转位与辅助对接、悬停飞行器捕获与辅助对接、航天员出舱活动支持、舱外各类负载搬运、舱外状态检查和舱外设备组装等任务[35-36]。CMM 和 EMM 可以独立工作，也可以协同工作，共同完成我国未来空间站的维修、维护任务。

图 2-19 中国空间站远程机械臂系统

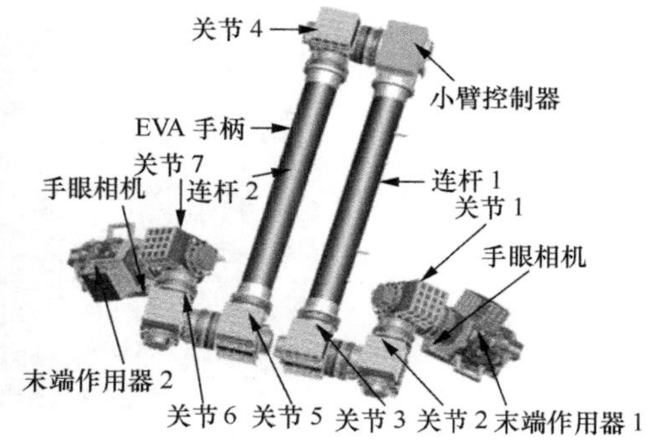

图 2-20 实验舱机械臂

CMM 主要用于完成空间站舱段转位与辅助对接、悬停飞行器捕获与辅助对接、航天员出舱活动支持等任务，如图 2-19 所示。该臂长度约为 10.5 m，具有 7 个自由度，最大载荷质量为 25 000 kg。机械臂本体由 7 个关节、2 个末端执行器、2 个连杆、1 个中央控制器以及 1 套视觉相机系统组成。关节的配置采用"肩 3+肘 1+腕 3"的方案，即肩部依次设置肩回转关节、肩偏航关节和肩俯仰关节，肘部设置肘俯仰关节，腕部依次设置腕俯仰关节、腕偏航关节和腕回转关节。这种对称结构可使得机械臂在空间站舱体表面实现肩、腕互换的位置转移，即"爬行"[37]。

EMM 主要用于完成暴露实验平台实验载荷照料、空间站光学平台照料、舱外状态检查、舱外设备组装等任务，如图 2-20 所示。该臂长度约为 5.5 m，具有 7 个自由度，最大载荷质量为 3000 kg。机械臂本体由 7 个关节、2 个末端执行器、2 个连杆、2 个控制器、2 套手眼相机等组成。除此之外，该机械臂结构对称，两端均安装末端执行器：一个用于实验舱机械臂与实验舱的连接，作为实验舱机械臂工作时的基座；另一个作为手臂抓捕操作的工具，也可实现与核心舱机械臂的对接，以构成更长的串联机械臂。EMM 控制器安装在连杆上，随机械臂移动。

2. "玉兔号"月球车

"玉兔号"月球车于 2013 年发射，是我国首个在地外天体表面执行巡视探测任务的空间机器人，主要任务包括月昼期间实现月面巡视探测并携带有效载荷进行就位探测，如图 2-21 所示[38]。该月球车配备有关节串联型机械臂，长度为 0.5 m，具有 3 个自由度，位于巡视器前方，闲置状态下收拢在巡视器国旗下方，待发现科学目标后通过肩关节运动展开机械臂，通过腕关节运动将探头探向月面并对月面进行探测。

图 2-21 “玉兔号”月球车

3. “嫦娥五号”探测器月球表面采样机械臂

“嫦娥五号”探测器于 2020 年 11 月 24 日发射，是我国探月工程重大科技专项“绕、落、回”三步走战略最后一步实现的关键，其中月球表面采样机械臂是“嫦娥五号”探测器任务实现的关键产品，对于我国探月工程全面完成具有重要意义。月球表面采样机械臂承担的主要任务有到达月面采样区域内任意点实施样品采集，以多种方式获取月球表面和浅层月球样品，并将样品进行初级封装，如图 2-22 所示。

图 2-22 “嫦娥五号”探测器

2.2.6 空间机器人基本参数及功能总结

典型在轨服务空间机器人基本参数及主要功能如表 2-1 所示。通过总结梳理不难发现：在轨服务空间机器人自由度数较高时，适用于执行需机器人运动灵巧性较高的操作任务，如舱体维修、组件更换等；在轨服务空间机器人跨度较大时，适用于执行需机器人运动范围较大的操作任务，如目标捕获、空间站搭建等；在轨服务空间机器人负载能力较大时，适用于执行需机器人末端承载能力较高的操作任务，如空间站搭建、大负载搬运等。深空探测机器人具有操作灵活（可执行样品获取、加工等灵巧任务）、控制精度高（末端定位精度可达毫米级别）、基座可控（机械臂一般搭载在可移动的探测车上）等特点，如表2-2所示。

表 2-1　典型在轨服务空间机器人基本参数及主要功能介绍

机器人名称	自由度数	长度/m	最大负载/kg	主要功能
FTS	7+7	—	—	帮助和减少航天员舱外活动，在空间站的非加压区域执行组装、维护、服务和检查等繁杂任务
Skyworker	—	—	—	对大型空间结构进行自主装配、检测和维修等
Ranger TFX	8+8+7+7	—	—	服务哈勃太空望远镜
R2	7+7	—	—	操作非合作目标、辅助航天员完成维修任务
SRMS	6	15.2	30 000	空间站建设与维护、负载搬运、故障维修
SSRMS	7	17.6	116 000	空间站建设与维护、组件更换、大负载搬运、故障维修、对接装配
ROTEX	6	1	—	桁架装配、组件更换、目标捕获
ERA	7	11.3	8000	在轨装配、空间站的外表面监测
SPIDER	7	1.45	250	对在轨结构进行近距离监测及维修
ETS-Ⅶ	6	2.4	—	目标捕获、对接装配
JEMRMS	6	10	7000	支持和操作在暴露设施与实验后勤舱暴露部分上进行的试验、支持空间站相应区域的维护任务
CMM	7	10	250 000	空间站舱段转位与辅助对接、悬停飞行器捕获与辅助对接、航天员出舱活动支持等
EMM	7	5	3000	实验平台实验载荷照料、空间站光学平台照料、舱外状态检查、舱外设备组装等

表 2-2　典型深空探测空间机器人基本参数及主要功能介绍

机器人名称	“勇气号”/“机遇号”火星探测器机械臂	“好奇号”火星探测器机械臂	“玉兔号”月球车
质量/kg	180.1	930	134.1
平面直线运动最大速度	约 0.05 m/s	约 0.04 m/s	约 0.062 5 cm/s
适应坡度/（°）	20	30	22
越障高度/m	0.25	0.65	0.22
有效载荷质量/kg	约 15.5	约 75	17.5
机械臂自由度数/个	5	5	3
机械臂工作跨度/m	约 1	2	0.5
主要功能	判断火星上是否存在过生物、明确火星气候特征、掌握火星地质特征	火星表面地质分析、探测火星表面生命特征、描述火星表面水和 CO_2 含量	随着陆器实施月球软着陆，实现月面巡视探测、携带有效载荷进行就位探测

2.3　空间机器人分类

随着空间探测任务的深入，空间机器人的种类逐渐增多。按照不同的划分标准和原则，空间机器人有多种分类方法，如图 2-23 所示。

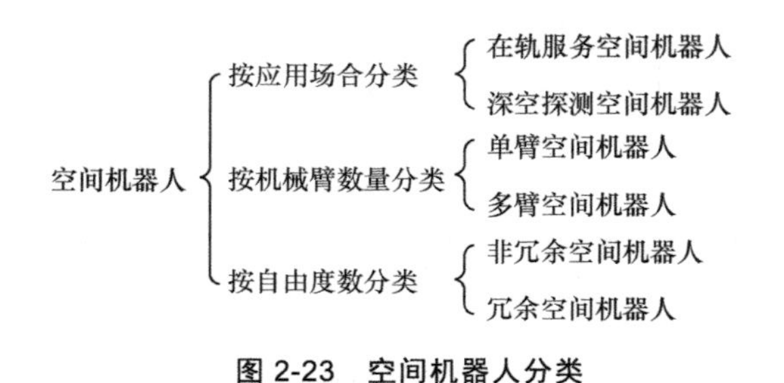

图 2-23　空间机器人分类

2.3.1　按应用场合分类

空间机器人应用范围越来越广泛，应用场合逐渐增多。按照应用场合的不同，常将空间机器人分为在轨服务空间机器人和深空探测空间机器人[39-40]。

在轨服务空间机器人主要指在微重力轨道环境中执行各类操作任务的机

器人，包括但不限于：空间站舱内/外作业机器人等。该类空间机器人工作在具有真空、强辐射、微重力、高低温交变等特点的太空环境，主要用于提供各种操作任务，如在轨装配、在轨维护等。

深空探测空间机器人主要指在月球、行星、小天体等地外天体上执行任务的机器人，包括但不限于：无人/载人巡视探测机器人、行星勘探机器人、行星表面建造机器人等。该类空间机器人工作在具有真空或特殊大气、强辐射、沙尘、特殊地质条件、重力、特殊温度环境等特点的太空环境，且通常具有轮式或腿式移动基座，还配置有操作机械臂，所执行的任务一般兼有移动和操作 2 个方面，如行星表面巡视、极端区域探测、样品采集、科学试验、星表基地建设以及辅助航天员探测等。

2.3.2 按机械臂数量分类

根据空间机器人所搭载的机械臂的数量，可分为单臂空间机器人和多臂空间机器人。现阶段单臂空间机器人主要应用于在轨维修、载荷搬运等任务。与单臂空间机器人相比，多臂空间机器人具有更高的灵活性、可靠性及容错性，或将成为未来在轨服务的主力。与单臂空间机器人相比，多臂空间机器人虽然具有更高的灵活性和可靠性，并具有协调作业的能力，但是在多体动力学建模、轨迹规划以及控制等方面，多臂空间机器人要比单臂空间机器人复杂得多。

2.3.3 按自由度数分类

根据空间机器人所拥有的关节自由度数与操作空间自由度数的大小关系，可分为非冗余空间机器人和冗余空间机器人。当关节自由度数小于或等于操作空间自由度数时，为非冗余空间机器人；反之，为冗余空间机器人。由于冗余自由度的存在，冗余空间机器人具有非冗余空间机器人无法比拟的优势，主要体现在[41]：

（1）更好的运动灵活性。冗余空间机器人在完成机器人主作业的同时，能够完成回避奇异、回避障碍物、防止关节超限等二次目标。

（2）更强的容错性与可靠性。当某个关节出现故障时，冗余空间机器人可通过再分配故障关节的速度和力矩，借助其余关节完成既定的作业任务。

（3）更优的动力学性能。冗余空间机器人能够进行关节力矩的再分配和机器人能量极小化等，实现机器人的动力学性能优化。

（4）更强的协作能力。冗余空间机器人能够根据外部信息，与人或环境进行协作交互，完成更复杂的操作任务。

2.4 空间机器人应用特点分析

本节主要从应用任务、应用环境和自身特性 3 个角度，分析其对空间机器人的材料、结构、系统设计等提出的不同需求。

2.4.1 空间机器人应用任务特点分析

空间机器人执行在轨服务和深空探测任务时主要具备如下特点。

（1）空间机器人的在轨服务分为 2 个主要领域：在轨装配和在轨维护[42-45]。在轨装配主要包括空间站、太空望远镜[46]、大型通信天线[47]、空间太阳能电站[48]、在轨燃料补给站[49]、深空探测中转站[50]及地外基地[51]等空间大型平台和基础设施的建设；在轨维护主要包括在轨检查、在轨捕获[52-53]、在轨测试、在轨清除[54]、在轨补给、在轨维修[55]、在轨部件更换和在轨部署[56-57]。上述操作任务中包含了空间机器人对操作目标的抓取、搬运等基本操作。不同的操作会对空间机器人提出不同需求，比如空间机器人执行对操作目标的抓取任务时，末端执行器需根据操作对象及任务需求进行特定设计；空间机器人执行对操作目标的搬运任务时，针对不同质量的载荷，空间机械臂需具备不同的承载能力[58]。

（2）空间机器人的深空探测主要分为星表环境的巡视探测、星表资源的原位采样与分析以及星表基地的组装与建造 3 个领域。星表环境的巡视探测可分为交会探测、绕飞探测以及着陆与返回探测，其中着陆与返回探测可以收集其表面物质带回地球作进一步分析，可获取信息最多，是最有价值的探测形式；星表资源的原位采样与分析指使用探测器所携带的机械臂对星表岩石、土壤等物质进行挖掘获取，并通过研磨等操作对样品进行简单处理以分析其成分；星表基地的组装与建造指在星表搭建满足工作与生活需求的设施。

综上所述，空间机器人工作任务多样，任务目标众多。空间机器人通常承担多种操作任务，操作对象不仅包括飞行器、舱段、模块、设备等合作目标，还包括空间碎片、微流星等非合作目标；任务内容包括空间目标的识别、测量、捕获、搬运、安装、拆解、更换、重组等。因此，在空间机器人的设计中需兼顾不同任务、不同对象的特殊需求。

2.4.2 空间机器人应用环境特点分析

空间机器人需承受的环境约束主要包括发射环境约束以及轨道环境约束等。其中，发射环境约束主要指需要承受发射阶段（行星探测机器人还需要考虑着陆阶段）的力学载荷；轨道环境约束相对复杂，除了需要承受在轨工作阶段的力学载荷外，还需要根据轨道分布综合考虑以下空间环境因素的影响。

（1）真空。空间环境的真空度通常可以达到 $10^{-11} \sim 10^{-2}$ Pa，选择空间机器人所用材料时需考虑真空环境带来的材料出气、材料蒸发、材料升华、材料分解、材料干摩擦、冷焊以及液体润滑材料的挥发等效应[59]。

（2）紫外辐射。太阳光中的紫外线会对空间机器人产生影响，其中对高分子聚合物影响很大，严重时可导致材料弹性和强度降低，机械性能变差。

（3）原子氧。原子氧会引起空间机器人结构材料的剥蚀老化，损害空间机器人热控涂层，严重危害空间机器人的可靠运行。

（4）电离效应。在空间重离子及质子效应的影响下，空间机器人所携带的电子器件将会产生物理效应和电气效应，导致其不能正常工作。

（5）温度交变环境。空间光照区和阴影区存在极端温度交变环境。由于空间热传导和热辐射等热交换能力差，光照区和阴影区所存在的较大温差会对空间机器人机构运动产生一定影响，轻则降低机器人的运动性能，重则导致机器人卡死。

综上，空间机器人在应用过程中需考虑真空、紫外辐射、原子氧、电离效应和温度交变环境等的影响。此外，空间机器人在开展深空探测任务时，除了考虑上述环境影响外，还需要考虑以下影响。

（1）（微）流星体环境。流星体是在行星际空间中运动的，直径为 10 μm ~ 1 m 的天然固体物质。绝大多数的流星体都是绕日运动且具有较高的速度。大大小小的流星体在行星际空间广泛存在，对空间机器人而言它们是潜在的撞击风险。而直径为 10 μm ~ 2 mm 的微流星体更易侵蚀空间机器人的光学仪器、太阳能电池及热防护层等，造成空间机器人表面的粗糙化。

（2）特殊地形。星表最广泛的地貌特征是撞击坑，同时星表可能存在无液态水的情况，造成石块棱角分明，但由于星表有气体流动，导致石块风化严重，于是存在很多“沙堆”。空间机器人行进机构的设计需要满足在复杂地形下的使用需求。

综上所述，空间机器人工作环境特殊。空间机器人工作在地外空间中，需要考虑超真空、高低温、强辐射、微重力、复杂光照等条件，深空探测机器人还需考虑（微）流星体环境、特殊地形等其他影响因素。此外，空间机器人还

需考虑发射段甚至着陆段的静力、振动、噪声、冲击等载荷以及在轨工作段所承受的更多复杂载荷，如目标捕获过程中的冲击载荷、大型柔性结构操作过程中的振动载荷、行星表面移动过程中的轮土力学载荷、采样过程中的机土耦合载荷等，同时上述环境条件还存在一定的不确定性。

2.4.3 空间机器人自身特性分析

空间机器人通常具有可靠性要求高、结构组成复杂、柔性特征明显及地面验证难度大等特性，具体分析如下。

（1）可靠性要求高。空间机器人需要在太空中长时间工作，由于工作环境的特殊性，维修代价高以至于在工作过程中基本上得不到任何维护，这就要求空间机器人必须在航天器上各项资源受限的条件下能高可靠工作。

（2）结构组成复杂。空间机器人是涉及材料、力学、机械、电气、热控、光学、控制等多个学科的复杂空间系统，在构成上除了由多关节和末端执行器组成的机械系统外，还包括由视觉相机和力觉传感器等组成的感知系统、由整臂控制器和关节控制器等组成的控制系统以及由指令生成模块和遥测反馈模块等组成的人机交互系统等，且各子系统需按照任务需求进行有针对性的设计，例如，针对任务操作载荷设计合适的末端执行器等[60]。

（3）柔性特征明显。空间机器人为降低升空过程中的运载负担，常由高刚度轻质材料制造，因而具有轻量化的特点；为适应空间操作任务大范围需求，因而具有大跨度特点。综合以上 2 个特点，结合负载操作任务过程中的受力变形，空间机器人柔性特性表现明显。

（4）地面验证难度大。空间机器人是按照空间环境设计的一类特殊机器人，工作时真空、微重力或低重力、高低温等环境的耦合作用很难在地面上真实模拟，故而难以在地面条件下直接开展空间大范围物理试验验证，从而给空间机器人地面验证的全面性和充分性带来较大难题。

2.5 小结

本章对空间机器人的概念与构成进行了阐述，并梳理了典型空间机器人系统；对空间机器人按应用场合、机械臂数量、自由度数分别进行了分类并介绍了各自优缺点；从任务特点、环境特点与自身特性 3 个方面对空间机器人的应用特点进行了分析。综合考虑以上内容，为应对超真空、高低温、强辐射、微重力、复杂光照等复杂环境下多样的在轨服务和深空探测任务，研究人员应重点关注空间机器人的设计以及建模、规划、控制等理论方法的研究。

|参考文献|

[1] 柳长安，李国栋，吴克河，等. 自由飞行空间机器人研究综述[J]. 机器人，2002, 24(4): 380-384.

[2] FLORES-ABAD A, MA O, PHAM K, et al. A review of space robotics technologies for on-orbit Servicing[J]. Progress in Aerospace Sciences, 2014, 68: 1-26.

[3] 王耀兵，等. 空间机器人[M]. 北京：北京理工大学出版社，2018.

[4] ANDARY J F, SPIDALIERE P D. The development test flight of the flight telerobotic servicer: design description and lessons learned[J]. IEEE Transactions on Robotics & Automation, 1993, 9(5): 662-674.

[5] STARITZ P J, SKAFF S, URMSON C, et al. Skyworker: a robot for assembly, inspection and maintenance of large scale orbital facilities[C]//2001 International Conference on Robotics and Automation. Piscataway, USA: IEEE, 2001: 4180-4185.

[6] DAVID L A. Flight-ready robotic servicing for Hubble Space Telescope: a white paper[J]. Space Systems Laboratory, 2004: 1-16.

[7] LOVCHIK C S, DIFTLER M A. The robonaut hand: a dexterous robot hand for space[C]//1999 IEEE international conference on robotics and automation. Piscataway, USA: IEEE, 1999: 907-912.

[8] 庞之浩. 美国火星漫游车及其探测历程和成果[C]//中国宇航学会深空探测技术专业委员会第二届学术会议. 北京：中国宇航学会，2005: 1-7.

[9] TREBI-OLLENNU A, BAUMGARTNER E T, LEGER P C, et al. Robotic arm in-situ operations for the Mars exploration rovers surface mission[C]// 2006 IEEE International Conference on Systems, Man and Cybernetics. Piscataway, USA: IEEE, 2006: 1799-1806.

[10] 小舟. “凤凰号”火星探测计划透视[J]. 今日科技，2008，6: 57-60.

[11] 赵斌魁，孙平贺，张绍和，等. “好奇号”火星探测器火星表面取样钻探近况[J]. 地质科技情报，2018, 37(6): 280-287.

[12] SCOTT M A, GILBERT M G, DEMEO M E. Active vibration damping of the Space Shuttle Remote Manipulator System[J]. Journal of Guidance Control & Dynamics,

1993, 16(2): 275-280.

[13] BONASSO R P, KORTENKAMP D, WHITNEY T. Using a robot control architecture to automate space shuttle operations[C]// 9th Conference on Innovative Applications of Artificial Intelligence. Palo Alto,CA: AAAI press, 1997: 949-956.

[14] JORGENSEN G, BAINS E. SRMS History, Evolution and Lessons Learned[C]// SPACE 2011 Conference and Exposition. Reston, VA: AIAA, 2011: 1-24.

[15] STIEBER M F, TRUDEL C P, HUNTER D G. Robotic Systems for the International Space Station[C]//1997 IEEE International Conference on Robotics and Automation. Piscataway, USA: IEEE, 1997: 3068-3073.

[16] STIEBER E M, HUNTER G D, ABRAMOVICI A. Overview of the Mobile Servicing System for the International Space Station[C]// 5th International Symposium on Artificial Intelligence and Robotics & Automation in Space. Noordwijk, the Netherlands: SPIE, 1999: 37-42.

[17] 庞之浩. 加拿大对国际空间站的贡献[J]. 航天员，2012, 3: 58-59.

[18] MCGREGOR R, OSHINOWO L. Flight 6A: deployment and checkout of the Space Station Remote Manipulator System (SSRMS) [C]//6th International Symposium on Artificial Intelligence and Robotics & Automation in Space.Noordijk, the Netherlands: SPIE, 2001: 1-9.

[19] PIEDBOEUF J C, CARUFEL J DE, AGHILI F, et al. Task verification facility for the Canadian Special Purpose Dextrous Manipulator[C]//1999 IEEE International Conference on Robotics and Automation. Piscataway, USA: IEEE, 1999: 1077-1083.

[20] MA O, WANG J, MISRA S, et al. On the validation of SPDM task verification facility[J]. Journal of Robotic Systems, 2004, 21(5): 219-235.

[21] COLESHILL E, OSHINOWO L, REMBALA R, et al. Dextre: improving maintenance operations on the International Space Station[J]. Acta Astronautica, 2009, 64(9): 869-874.

[22] AZIZ S, CHAPPELL L M. Concept of operation for ground control of Canadas Mobile Servicing System(MSS)[C]// 55th International Astronautical Congress of the International Astronautical Federation. Reston, VA: AIAA 2004, 11(13): 7533-7540.

[23] HIRZINGER G, BRUNNER B, DIETRICH J, et al. ROTEX-the first remotely controlled robot in space[C]// 1994 IEEE International Conference on Robotics and Automation. Piscataway, USA: IEEE, 1994: 3604-2611.

[24] PREUSCHE C, REINTSEMA D, LANDZETTEL K, et al. Robotics component verification on ISS ROKVISS-results for telepresence[C]//2006 IEEE/RSJ International

Conference on Intelligent Robots and Systems. Piscataway, USA: IEEE, 2006: 4595-4601.

[25] BOUMANS R, HEEMSKERK C. The European Robotic Arm for the International Space Station[J]. Robotics and Autonomous Systems, 1998, 23(1-2): 17-27.

[26] MUGNUOLO R, PIPPO S D, MAGNANI P G, et al. SPIDER Manipulation System (SMS) the Italian approach to space automation[J]. Robotics and Autonomous Systems, 1998, 23(1-2): 79-88.

[27] NAGATOMO M, MITOME T, KAWASAKI K, et al. MFD robot arm and its flight experiment[C]//Sixth International Conference and Exposition on Engineering, Construction, and Operations in Space. New York, USA: Solar System Research, 1998: 319-324.

[28] ODA M. Space Robot Experiments on NASDA's ETS-VII satellite-preliminary overview of the experiment results[C]//1999 IEEE International Conference on Robotics and Automation. Piscataway, USA: IEEE, 1999: 1390-1395.

[29] SATO N, WAKABAYASHI Y. JEMRMS design features and topics from testing[C]//2001 IEEE International Conference on Artificial Intelligence, Robotics and Automation in Space. Piscataway, USA: IEEE, 2001: 1298-1307.

[30] MATSUEDA T, KURAOKA K, GOMA K, et al. JEMRMS system design and development status[C]//1991 National Telesystems Conference.Piscataway, USA: IEEE, 1991: 391-395.

[31] NENCHEV D, UMETANI Y, YOSHIDA K. Analysis of a redundant free-flying spacecraft/manipulator system[J]. IEEE Transactions on Robotics and Automation, 1992, 8(1): 1-6.

[32] SATO N, WAKABAYASHI Y. JEMRMS design features and topics from testing[C]// 6th International Symposium on Artificial Intelligence, Robotics and Automation in Space. Noordijk, the Netherlands: SPIE, 2001: 1-7.

[33] FUKAZU Y, HARA N, KANAMIYA Y, et al. Reactionless resolved acceleration control with vibration suppression capability for JEMRMS/SFA[C]//IEEE International Conference on Robotics & Biomimetics. Piscataway, USA: IEEE, 2009: 1359-1364.

[34] HARA N, KANAMIYA Y, SATO D. Stable path tracking with JEMRMS through vibration suppression algorithmic singularities using momentum conservation[C]// International Symposium on Artificial Intelligence, Robotics and Automation in Space. Noordijk, the Netherlands: SPIE, 2010: 214-221.

[35] 周建平. 我国空间站工程总体构想[J]. 载人航天，2013, 2: 1-10.

[36] LIU H. An Overview of the Space Robotics Progress in China[C]//ISAIR 2014. Noordijk, the Netherlands: SPIE, 2014: 1-7.

[37] 李大明，饶炜，胡成威，等. 空间站机械臂关键技术研究[J]. 载人航天，2014, 3: 238-242.

[38] 贾阳，申振荣，庞彧，等. 月面巡视探测器地面试验方法与技术综述[J]. 航天器环境工程，2014, 5: 464-469.

[39] PEDERSEN L, KORTENKAMP D, WETTERGREEN D, et al. NASA Exploration Team (NEXT) space robotics technology assessment report[R]. Moffett Field: Ames Research Center, 2002.

[40] PEDERSEN L, KORTENKAMP D, WETTERGREEN D, et al. A survey of space robotics[C]// 7th International Symposium on Artificial intelligence, Robotics and Automation in Space. Noordijk, the Netherlands: SPIE, 2003: 1-8.

[41] 陆震. 冗余自由度机器人原理及应用[M]. 北京：机械工业出版社, 2006.

[42] ULRICH S. Direct adaptive control methodologies for flexible-joint space manipulators with uncertainties and modeling errors[D]. Ottawa: Carleton University, 2012.

[43] ACQUATELLA P. Development of automation and robotics in space exploration[C]// SPACE 2009 Conference & Exposition. California. Reston, VA: AIAA, 2009: 1-7.

[44] LI W J, CHENG D Y, LIU X G, et al. On-orbit service (OOS) of spacecraft: a review of engineering developments[J]. Progress in Aerospace Sciences, 2019, 108: 32-120.

[45] 贾平. 国外在轨装配技术发展简析[J]. 国际太空，2016，12(12): 61.

[46] OEGERLE W R, PURVES L R, BUDINOFF J G, et al. Concept for a large scalable space telescope: in-space assembly[C]//Space Telescopes and Instrumentation I: Optical, Infrared, and Millimeter. Noordijk, the Netherlands: SPIE, 2006, 6265: 1-12.

[47] DATASHVILI L, ENDLER S, WEI B, et al. Study of Mechanical architectures of large deployable space antenna apertures: from design to tests[J]. CEAS Space Journal, 2013, 5(3-4): 169-184.

[48] CHENG Z A, HOU X, ZHANG X, et al. In-orbit assembly mission for the space solar power station[J]. Acta Astronautica, 2016, 129: 299-308.

[49] NASA Goddard Space Flight Center. On-orbit satellite servicing study project report[R]. NASA Goddard Space Flight Center, 2010.

[50] 彭坤，杨雷. 利用地月间空间站的载人登月飞行模式分析[J]. 宇航学报，2018, 39(5): 471-481.

[51] BENAROYA H, BERNOLD L. Engineering of Lunar bases[J]. Acta Astronautica,

2008, 62(4-5): 277-299.

[52] GILLETT R, KERR A, SALLABERGER C, et al. A hybrid range imaging system solution for in-flight space shuttle inspection[C]//Canadian Conference on Electrical and Computer Engineering. Piscataway, USA: IEEE, 2004: 2147-2150.

[53] SALLABERGER C, FULFORD P, OWER C, et al. Robotic technologies for space exploration at MDA[C]// 8th International Symposium on Artificial Intelligence, Robotics and Automation in Space. Noordijk, the Netherlands: SPIE, 2005: 425-432.

[54] ROGER-Team. ROGER Phase A, Executive Summary[R]. Bremen, German, 2003.

[55] SHAYLER D J, HARLAND D M. The Hubble Space Telescope: from concept to success[M].New York: Springer, 2015.

[56] SYROMIATNIKOV V S. Manipulator system for module re rocking on the mir orbital complex[C]//1992 IEEE International Conference on Robotics and Automation 1992. Piscataway, USA: IEEE, 1992: 913-918.

[57] KULAKOV F M. Some Russian research on robotics[J]. Robotics & Autonomous Systems, 1996, 18(3): 365-372.

[58] 丰飞，唐丽娜，韩锋. 空间多功能在轨维护机器人系统及其末端执行器设计[J]. 航空制造技术，2019, 62(10): 14-22.

[59] LEGER P C, TREBI-OLLENNU A, WRIGHT J R, et al. Mars exploration rover surface operations: driving spirit at gusev crater[C]//2005 International Conference on Systems, Man and Cybernetics. Piscataway, USA: IEEE, 2005: 1815-1822.

[60] ODA, M, NISHIDA M, NISHIDA S, et al. Development of an eva end-effector, grapple fixtures and tools for the satellite mounted robot system[C]//1996 IEEE/RSJ International Conference on Intelligent Robots and Systems. Piscataway, USA: IEEE, 1996: 1536-1543.

第3章 空间机器人设计

空间机器人是具有高度自动化的智能设备，为保证其高可靠、高精度地执行任务，在设计阶段应依据空间机器人任务要求，将其转化为对空间机器人功能/性能的指标要求，以此指导机器人整体及其子系统的详细设计。

空间机器人设计遵循的准则有：①继承性准则，即充分继承以往空间机器人及其他航天器的成熟设计技术，选用成熟设计和工艺技术，降低研制成本，缩短研制周期；②最优化准则，即综合考虑质量、体积、功耗、可靠性、精度等指标进行系统设计和指标分解，提高系统综合性能；③通用化准则，即采用通用化设计，减少零部件的品种规格以减少研制工作量；④先进性准则，即引入前沿技术，在工艺选用、材料选用等方面积极创新，提高空间机器人性能；⑤可靠性准则，即空间机器人在规定的空间环境下和规定的时间内完成规定功能的能力[1]。

本章首先阐述空间机器人总体设计过程，随后分别针对关节、连杆、末端执行器等关键部件/组件介绍其设计过程，最后阐述了空间机器人控制系统的设计内容。

3.1 空间机器人总体设计

在执行目标捕获任务时，空间机器人需要通过合适的构型和关节运行轨迹输出最佳力矩，以保证捕获过程中为机械臂提供适宜的捕获力，这就对空间机器人构型设计提出了要求；在执行负载搬运任务时，空间机器人需要携带大质量/惯量目标，而这与机器人连杆的结构强度/刚度紧密相关，因此对空间机器人结构的材料性能提出了要求；此外，空间机器人常在恶劣空间环境下频繁执行多类操作任务，这就要求空间机器人需具备高可靠性以保证任务的顺利执行[2]。本节将主要阐述空间机器人总体设计内容，包含构型设计、材料与工艺选用设计、可靠性与安全性设计等。

3.1.1 空间机器人构型设计

空间机器人构型反映了各组件间的连接关系，它包含组件种类、组件数量和组件之间的连接方位等信息。空间机器人构型直接影响其工作性能，如工作空间、系统基频、运动速度及定位精度等。合理的构型设计不仅可以减少发射阶段的空间占用资源，节约发射成本，而且可以降低机器人对压紧布局的要求，减少系统复杂度，提高系统可靠性。

空间机器人构型设计是一个基于任务的复杂迭代过程。在设计之初只需考虑与机器人自身功能相关的布局约束及指标要求，然后针对每个特定任务，重点分析机器人在操作空间中的运动特性及可达性要求，进而结合应用需求确定机器人的自由度数、尺寸参数、工作空间和安装固定方式等内容，据此设计合理的系统构型。在满足应用需求的基础上，构型设计应尽量使空间机器人体积小、质量轻、展开收缩比高，且有足够的安全裕度和运动安全距离[3]。空间机器人构型设计内容包括以下 3 个方面。

① 确定机器人外形。机器人外形是包括机器人各部分组件的整体外形，包括仿人型、仿生型、机械臂式、并联式等类型，这要根据不同的任务需求和设计目标进行选择。

② 确定各部件的布局。布局设计需要考虑各部件和展开附件的安装位置、质量、形状、尺寸、机械接口等特性，合理确定各个部件和附件的空间配置以及传力路径（即力在空间机器人结构中传递的过程）[4]。其中，传力路径优化设计需要重点考虑空间机器人压紧构型承受的发射载荷，以及工作构型展开时所承受的工作载荷。

③ 机器人的自由度配置。通常机器人是由连杆和关节组成的多自由度系统，因此机器人构型设计需要确定连杆和关节的自由度配置方式。配置机器人的自由度时，首先应避免构型是空间机器人的奇异形位，防止无效的关节驱动影响系统性能；其次应考虑机器人的运动灵巧性，通过计算其指标来评价机器人的运动性能；此外，冗余度也是配置机器人自由度时应该考虑的因素，可以利用其改善机器人的灵巧性，规避障碍物，改善机器人的动力学性能。

设计空间机器人的构型时，一般以现有机器人的设计经验为基础，参考与设计目标相似的机器人构型方案。然而大多数情况下，由于任务的需求不同以及应用场景的差异，空间机器人的构型往往会与已有的方案存在较大差异。此时，应以机构的拓扑结构为切入点，通过分析任务目标的特点得到一系列的约束条件，列举出所有满足约束条件的可选构型，然后逐一分析可选构型的机构特性，按照一定的选型原则选出最佳构型方案[5]。

复杂机器人系统构型设计往往需要融合上述设计思想，考虑不同层次的任务需求。图 3-1 所示为中国空间站远程机械臂系统，该系统由核心舱机械臂和实验舱机械臂组成，每条机械臂都是具有 7 个自由度的对称结构。机械臂关节构型采用“肩（3 个自由度）+肘（1 个自由度）+腕（3 个自由度）”的方案，使得机械臂具有最佳位置和最佳姿态。在执行任务的过程中，机械臂系统能够根据任务需要对 2 条机械臂进行组合，即 2 条机械臂可以通过级联形式工作实现对目标载荷的操作。

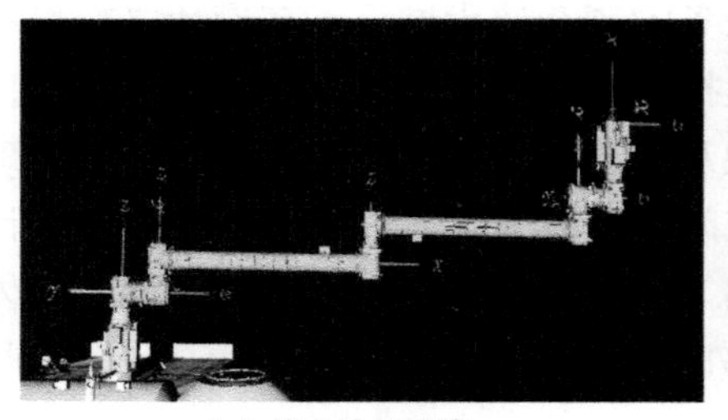

（a）核心舱机械臂

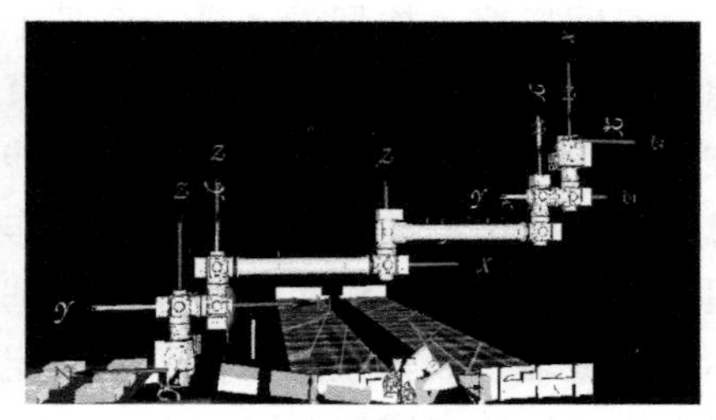

（b）实验舱机械臂

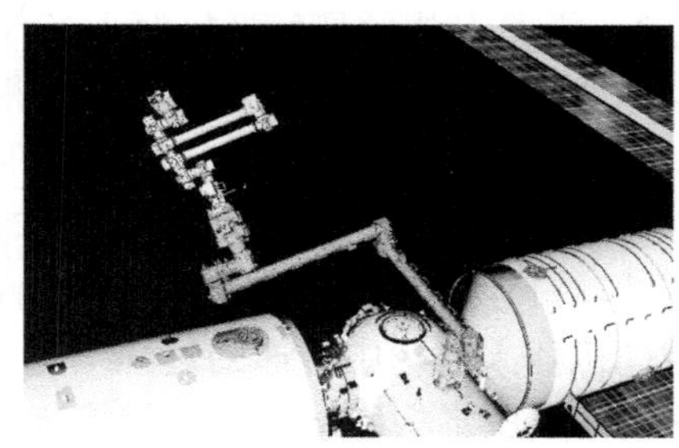

（c）双臂组合状态

图 3-1 中国空间站远程机械臂系统

3.1.2 空间机器人材料与工艺选用设计

为保证空间机器人结构满足预期的强度、刚度、质量等指标，需通过分析不同材料的性能、成型工艺特点和应用范围，选择合适的材料和工艺来设计机器人结构。

1. 材料选择

受高真空、高低温交变、紫外辐射、原子氧等空间环境因素的影响，空间机器人在服役过程中会发生材料性能退化情况，进而导致空间机器人的可靠性降低，影响其服役寿命。空间机器人的材料性能主要包含力学性能和物理性能 2 类，需要根据空间机器人所处的空间环境和执行的任务来设计。在力学性能方面，空间机器人材料需要具备高弹性模量、高强度和高韧性的特点；在物理性能方面，空间机器人材料一般需要具备低密度、低膨胀系数、高比热容、低热导率和高电导率等特点[6]。

空间机器人的材料通常可分为 2 类：结构材料和功能材料。结构材料主要用于保证刚度、强度、安装边界、结构外形等，一般包括复合材料和金属材料；功能材料主要用于实现各种特定功能，如防热、密封、胶接、润滑、制动等，其中使用较多的是防热材料。

① 复合材料。复合材料是由2种或2种以上异质、异型、异性的材料复合而成的新型材料，它既能保留原组成材料的主要特点，又能通过复合效应获得原组成材料不具备的性能。空间机器人采用的复合材料有树脂基复合材料和金属基复合材料。

② 金属材料。适用于空间机器人的金属材料主要是低密度的轻金属材料，如铝合金、钛合金及镁合金等，这些轻金属材料成本相对较低，使用方便，因而被大量用于接头、支架等承力结构中。

③ 防热材料。防热材料通过胶黏剂粘接在机器人承力结构的外表面，将其温度降到可承受的范围，对机器人结构进行热防护。防热材料包括酚醛-涤纶烧蚀防热材料，低、中密度烧蚀材料等。

在保证材料性能的前提下，根据空间机器人轻量化需求，空间机器人应采用轻型结构形式，通过采用密度低、比强度大、比模量高的材料以减少发射成本和环境污染。其中，比模量高的材料有利于提高结构的固有频率和稳定性，防止在发射时引起过大的动态响应载荷。

2. 工艺选用设计

工艺是指对原材料、半成品进行加工和处理，使之成为成品的方法。对空间机器人而言，其工艺选用设计是必不可少的一环，通过选用满足要求的工艺可减少机器人成品不必要的返工和返修，提高其可靠性。在工艺选用方面，应仔细研究空间环境对空间机器人材料和部件的影响，对工艺需求进行分析。例如，原子氧对一些材料表面氧化腐蚀很严重，因此在表面防护处理工艺方面需要重点考虑；热循环会引起空间机器人零部件内部应力变化，进一步引发机器人结构变形，从而影响空间机器人定位精度，因此在其热制造过程需要重点考虑材料毛坯内部的应力。考虑空间机器人的高可靠性研制特点，要求工艺过程可控、稳定，并且工艺具有精密加工能力，其选用原则如下[7]。

① 满足空间机器人规定的安全裕度、空间环境要求。

② 应优先采用具有标准支撑、安全系数足够、通过试验且成功应用过的工艺。

③ 应从整体、全过程角度考虑选用工艺的合理性及各种方法之间的协调性。

④ 严禁选用禁用工艺，尽量避免限用工艺。

3.1.3 其他设计

1. 空间机器人的可靠性与安全性设计

空间机器人的可靠性是指其在规定的空间环境下和规定时间内完成规定

任务的能力，安全性是指防止空间机器人对航天器和航天员产生伤害的能力[8]。可靠性与安全性设计是实现空间机器人及其周边设备稳定、安全运行的重要保障，也是系统设计的重要内容。

空间机器人的可靠性设计一般做如下考虑。

① 应使元器件能承受较高的应力，具有良好的抗辐射、抗热、电磁兼容等性质[9]。

② 对可靠性薄弱环节采取冗余备份的设计措施，使系统可靠性最优。

③ 设计上要求尽量消除单点故障模式，不能消除的要采取有效的措施提高固有可靠性。

④ 具有现场失效率数据的元器件用现有数据进行可靠性预计，若无现场失效率数据，国产元器件的可靠性预计一般采用《电子设备可靠性预计手册》（GJB/Z 299C—2006）[10]中的方法，进口元器件参照《可靠性预计手册》[11]中的方法进行可靠性预计，且在预计时需要考虑一定的置信度。

空间机器人的安全性设计应使机器人系统或单机具有防止误操作、防止产生危险源以及对危险源进行控制和防护的能力，其设计过程应遵循航天器产品设计基本原则，如安全第一设计、风险最小设计、裕度设计、故障隔离设计、故障容限设计、故障报警设计、故障安全设计等[12-13]。空间机器人的安全性设计一般具备以下要求。

① 具备软硬件系统安全检查功能。

② 具备独立控制电路进行紧急停止功能，如各关节和末端执行器具备软件和独立控制电路的过载保护功能。

③ 具备利用相机的图像监视和信息测量进行碰撞检测的功能。

④ 关节和末端执行器具备抱闸和锁定功能，并且具备软件限位功能，防止意外释放。

2. 空间机器人的热设计

空间机器人的热设计是为保障空间机器人各部件具备适宜工作的温度条件。根据空间机器人的热特性和总体对热控系统的技术要求，空间机器人的热设计通常采用被动热控制技术和电加热主动热控制技术相结合的方案。空间机器人的热设计的原则如下。

① 尽量选择低功耗的元器件，同时可设计特殊构型以达到散热目的。

② 在考虑设备极端工况下，对整机进行充分热分析，并结合元器件的温度降额要求进行设计。

③ 进行系统热平衡试验以验证热分析的正确性和热设计的合理性，为改进热设计提供依据。

④ 对同类可更换部件采取通用化的热设计方案以保证机器人的可维修性[1]。

3. 空间机器人的接口设计

空间机器人的接口设计是设计过程中的重要部分，确定了空间机器人各部件/组件之间的机械连接方式、电源配置关系、信息传输形式和热特性等。空间机器人的接口设计通常包括机械接口设计、供电接口设计、信息接口设计、热接口设计等。

① 机械接口设计。机械接口既包括空间机器人与航天器、支架、设备部件等连接的接口，也包括对地面安装、起吊的接口，其设计内容包括连接形式、位置、尺寸、对接精度等。

② 供电接口设计。供电接口是指空间机器人与航天器的配电接口，其设计内容包括母线形式、接口电压、电压变换约束等。

③ 信息接口设计。信息接口是空间机器人与航天器的信息通路，通过此接口完成机器人的控制参数和测量感知数据的交互，其设计内容包括总线接口、数据类型、遥测与指令资源等。

④ 热接口设计。热接口主要是指空间机器人与航天器的接触面热特性、外表面热特性、工作温度、储存温度、起控温度和加热功率等的接口。需要根据空间机器人的构型和仪器设备的布局，以及材料、尺寸、功耗、工作周期、环境条件等因素，分析确定设备和部件的工作温度范围要求，明确不同设备和部件的热控处理要求[1]。

3.2 空间机器人关键部件/组件设计

空间机器人的总体设计方案确定后，应对其关键部件/组件进行设计，关键部件/组件主要包括关节、连杆和末端执行器 3 部分，其设计应从各部件/组件的工作环境和功能出发，并考虑机械结构、驱动方式、性能指标等方面的因素。

3.2.1 关节设计

作为空间机器人的核心部件，关节是集机械、电子、控制和通信等多学科先进技术于一体的复杂单元，其可按照任务需求和控制要求输出一定力矩和转速，实现机器人的各种运动。关节通常包括旋转式关节和移动式关节 2 种，通过自由组合 2 种类型的关节，可形成“回转+摆动”“移动+摆动”“移动+回转”等多种关节模块组合。

空间机器人的关节一般由驱动组件、减速器、测量组件、驱动控制器和热控组件 5 个部分组成。

① 驱动组件。机器人常用的驱动源有液压驱动、气压驱动和电气驱动。受空间环境限制，空间机器人一般采用电机作为关节驱动源。关节常用的电机有步进电机、直流有刷电机和直流无刷电机。其中，步进电机具有较高的定位精度，不产生累积误差，在断电情况下仍具有一定的保持力矩，但其不适合高速转动，过载能力不强，功率消耗较大，且使用不当会引起系统的振动；直流有刷电机的优点是质量轻、尺寸小、成本低，采用电刷来对线圈电流进行换向的控制方式易于实现，启动性能好，过载能力强，可承受频繁的启动、制动和反转，但电刷与换向器之间存在的触点使得电刷在空间环境下容易磨损，同时由电刷处火花产生的电磁波也容易影响其他设备的正常工作；与直流有刷电机相比，直流无刷电机没有机械电刷，因此不需要考虑电刷磨损和电刷处火花产生的电磁波引起的电磁干扰，同时在直流无刷电机不转动的定子上的绕组使热量更容易散发，降低通过轴承的温度梯度，但其增加的位置传感器使驱动电路较为复杂。

② 减速器。由于电机转速较高，输出力矩较小，故直接采用电机驱动通常不能满足机器人关节力矩的输出需求，因此需经过减速器使转速降低，用以提高输出力矩，同时保证关节的主要性能，如关节刚度、关节精度、负载能力和运转寿命。关节常用的减速器有行星减速器、谐波减速器、摆线针轮减速器等。行星减速器结构紧凑、传动比高、承载能力强、传动平稳、传动效率高；谐波减速器具有行星减速器的优点，且传动精度高、结构简单但柔轮工作时会产生周期性弹性变形，易疲劳失效；摆线针轮减速器传动比范围大、承载能力强、刚度大、传动精度与传动效率高。

③ 测量组件。空间机器人关节是一个完整的伺服控制机械系统，测量组件是其重要的组成单元，其目的是感知关节状态信息。测量组件包括各类传感器，如位置传感器、速度传感器、力传感器、电流传感器和温度传感器等。传感器的选用主要与机器人关节的功能需求有关，如若机器人关节需要力矩闭环控制功能，则设计关节时需要配置力矩传感器；若机器人关节需要位置闭环控制功能，则设计关节时需要配置位置传感器。

④ 驱动控制器。驱动控制器用于控制关节输出不同的角度、角速度和力矩，分别对应其位置控制、速度控制和力控制功能。驱动控制器应保证关节具有良好的高低速和加速性能，不发生误动或失控现象。

⑤ 热控组件。热控组件有主动热控组件和被动热控组件 2 种，主动热控组件用于在低温环境下给关节加热，如粘贴在关节壳体表面的加热片等；被动热控组件用于将热源处的热量传递到非热源处，以保证关节在空间高低温环境中仍保持合适的温度，如热控多层包覆、热管、散热片等。

关节设计主要是指确定轴、轴承和轴上零件的结构以及装配方案，其主要从关节功能配置和关节性能指标2个方面进行考虑，以确保关节具有集成度高、重量轻、负载大的特点，具备在大温差、高辐射、高真空等恶劣空间环境中工作的能力[14]。

1. 关节功能配置

关节功能配置主要由空间机器人的功能需求来决定，典型机器人关节主要包括制动器、驱动电机、减速器、位置传感器、力传感器、温度传感器、电流传感器等几个部分。

① 制动器为整个关节提供制动力矩，保证关节的制动功能。

② 驱动电机为关节提供动力源，而减速器则是通过降低电机速度增加其输出力矩，以匹配任务需要的转速和力矩。

③ 位置传感器用于测量关节角度，一般根据需求布置在驱动电机端和关节输出端。

④ 力传感器用于直接感应和测量关节的外负载情况，一般布置在关节输出端。

⑤ 温度传感器用于测量组件的温度以实现系统热控需求。

⑥ 电流传感器用于测量电机的电流以实现电机电流的闭环控制或限流保护功能，一般布置在控制器内部。

2. 关节性能指标

关节性能指标直接由各组成模块性能指标的匹配性决定，关节性能指标主要包括以下4个方面。

① 关节刚度。关节刚度主要包括扭转刚度和弯曲刚度，扭转刚度主要由输出轴和减速器的扭转刚度共同决定，弯曲刚度主要由输出轴的弯曲刚度和输出轴的轴承支承刚度共同决定。

② 关节负载能力。关节负载能力主要涉及输出转速、输出力矩指标，输出转速和输出力矩主要由驱动电机和减速器决定。在实际设计过程中，驱动电机和减速器（传动比）的匹配性问题，主要从包络要求和追求轻量化方向进行分析。

③ 关节精度。关节精度包括回差、传动精度、定位精度、力控精度、速度平稳性等指标，且各个精度指标间相互影响，在设计过程中应综合考虑系统需求和成本限制，以选择相互匹配的组件。

④ 关节运转寿命。关节运转寿命指标与实际承载工况有直接关系，同时也受减速器寿命和轴承寿命限制，减速器与轴承的强度、刚度、材料、润滑方式等均会影响关节运转寿命。

在关节设计过程中，还需根据环境和布局考虑其他因素，如防尘和走线布局。在地外天体上服役的深空探测机器人关节，往往会受到天体上的沙尘影响，因此应进行防尘设计。在关节设计过程中可根据环境的颗粒分布考虑对应的防尘方案，如当颗粒度较小时，电机可采用定子和转子间布局密封垫片的动密封方式实现防尘；当颗粒度较大时，可采用多道间隙形成迷宫的方式实现防尘。

由于关节内部结构较为复杂且常需与其他子系统进行信号交互，为避免因线路缠绕、接口众多而出现故障、干扰机器人运动等问题，需重点考虑空间机器人关节的走线布局。当采用集中控制方式时，关节的各组成部分均需由同一个控制器走线供电及控制，这种方式的走线线束较多；当采用分布式控制方式时，驱动器集成在关节本体，各个关节间的走线只有总线和电源线，这种方式的走线线束较少。

3.2.2 连杆设计

连杆是连接空间机器人各个关节并将关节运动传递至空间机器人末端的组件，其主要功能包括形成机器人结构、提供安装接口和承受力学载荷 3 个方面。

① 形成机器人结构。连杆是空间机器人的骨架，主要形成机器人结构并决定空间机器人的主要特征参数，如几何包络（收拢和展开状态）、运动学 D-H 参数等。

② 提供安装接口。连杆需要为空间机器人其他部件提供安装、连接接口，若有仪器设备安装在空间机器人连杆内部，则机器人连杆还需要为内部设备提供保护，发挥其空间环境防护作用。

③ 承受力学载荷。连杆是连接空间机器人各部分使其形成机器人整体的功能组件，因而需要与其他组件一起承受作用在机器人上的静载荷和动载荷，并尽量保证其他组件具有较好的力学环境条件。

连杆设计主要是基于整体构型布局，经过力学仿真分析和尺寸优化手段，确定每一连杆的尺寸及连接方式等。在确定整体构型后，对包括关节和连杆在内的空间机器人结构进行力学仿真分析，以进一步确定各连杆的刚度、强度、包络、质量等参数。力学仿真分析主要包含发射载荷力学分析和工作载荷力学分析，发射载荷力学分析是指空间机器人处于压紧收拢状态的结构力学分析，而工作载荷力学分析是指空间机器人处于工作状态的结构力学分析。在明确各连杆的刚度、强度、包络、质量等主要参数后，可采用材料的破坏应力来计算安全裕度，并以此校核连杆的强度是否满足强度裕度要求。在连杆满足强度裕度、包络、刚度等要求的前提下，对其采用结构优化设计方法（包括拓扑优化、形状优化和尺寸优化 3 类），使连杆质量最小化。

3.2.3 末端执行器设计

末端执行器是用于实现在轨操作、连接/分离、抓取/释放等任务的一类专

属空间操作部件。由于空间机器人在轨需要执行任务的类型、方式、要求不尽相同，所以需要根据机器人所执行的任务综合设计。一般而言，每种末端执行器的具体结构都由其所执行的具体任务决定，但均包含驱动组件、传动组件、执行组件、测量组件、控制组件和热控组件。

① 驱动组件。驱动组件是末端执行器的基本组件，通常由 1 种或多种驱动源（如电机、弹簧驱动组件、记忆合金组件等）组成，提供末端执行器执行动作所需的驱动力或驱动力矩。其中，电机具有长期连续、双向驱动、可控性强等特点，在空间末端执行器中应用最为广泛。

② 传动组件。末端执行器多用滚珠丝杠、齿轮、空间/平面连杆机构、线绳等作为传动组件，常用的传动形式有螺旋传动、齿轮传动、空间/平面连杆机构传动、腱传动等。

③ 执行组件。执行组件是末端执行器最终实现功能输出的核心组件。对于有采样需求的末端执行器，其执行组件多为挖铲、钻杆、砂轮等；对于有操作需求的末端执行器，其执行组件多为捕获机构、缠绕机构、工具适配器等。

④ 测量组件。为实时测量末端执行器的工作状态，同时向空间机器人系统反馈末端状态信息，一般在末端执行器上设置测量组件。测量组件通常由位置传感器、速度传感器、力/力矩传感器、温度传感器、位置开关等组成。

⑤ 控制组件。空间机器人与目标交互时，末端执行器控制组件需具备与上位机通信、控制驱动电机、判断工作状态、实施温度控制等的能力。对有非合作目标操作任务需求的控制组件还应具有自主判断决策的能力。

⑥ 热控组件。末端执行器所采用的热控组件的形式与关节类似，一般包括主动热控组件和被动热控组件。

在详细设计末端执行器机构前，需要通过机构分析、数学仿真等手段对方案阶段的末端执行器的主要性能参数（如捕获容差、采样量、连接刚度等）进行分析，获得性能参数和结构参数之间的关系，并通过参数优化，得出满足系统指标的结构设计参数。末端执行器设计过程中的材料、驱动组件、测量组件选型、传动形式选择，结构、机构设计，指标匹配性分析，强度、刚度分析等内容与关节类似，这里不再赘述。

3.3 空间机器人控制系统设计

控制系统作为整个空间机器人系统的核心，充当着系统总指挥的角色，对有效保障系统性能至关重要。考虑到空间机器人的特殊工作环境，空间机器人的控制系统不仅需要具备可靠性高、功能全面和响应快速等特点，还必须综合考虑性能、功耗、体积、功能、质量、成本等多方面因素之间的相互平衡和协调，以达到综合性能最优。本节首先介绍控制系统的整体架构，然后分别从硬件和软件体系 2 个方面介绍其结构组成。

3.3.1 控制系统整体架构

空间机器人控制系统的主要功能包括：接受地面控制系统或航天器中央控制系统平台的操作指令，对机器人进行任务管理和调度；完成机器人各类算法运算和控制运算，以实时控制机器人的运动；实时检测机器人的运行状态；完成遥测的组装和下传等。为具备良好的工作性能，空间机器人控制系统通常包括分布式和集中式 2 种架构形式。

集中式控制系统是指机器人的决策机构、执行机构和检测反馈机构的核心功能集中于 1 个控制单元，所有的功能都需要在集中控制单元的参与和控制下才能完成，控制系统与机器人执行机构之间采用功率线和信号线进行数据和指令的传输。典型的集中式控制系统如图 3-2 所示。

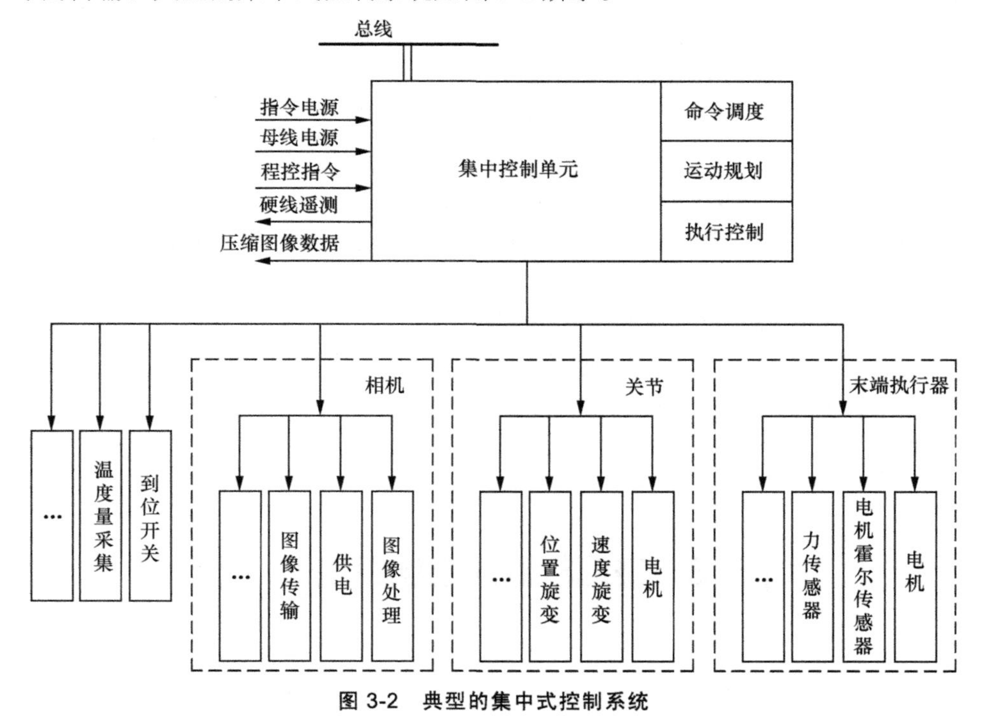

图 3-2　典型的集中式控制系统

分布式控制系统是指控制系统各任务层对应的硬件平台单独设计，各任务层硬件设备之间采用专用总线进行数据和指令的传输。典型的分布式控制系统如图 3-3 所示。

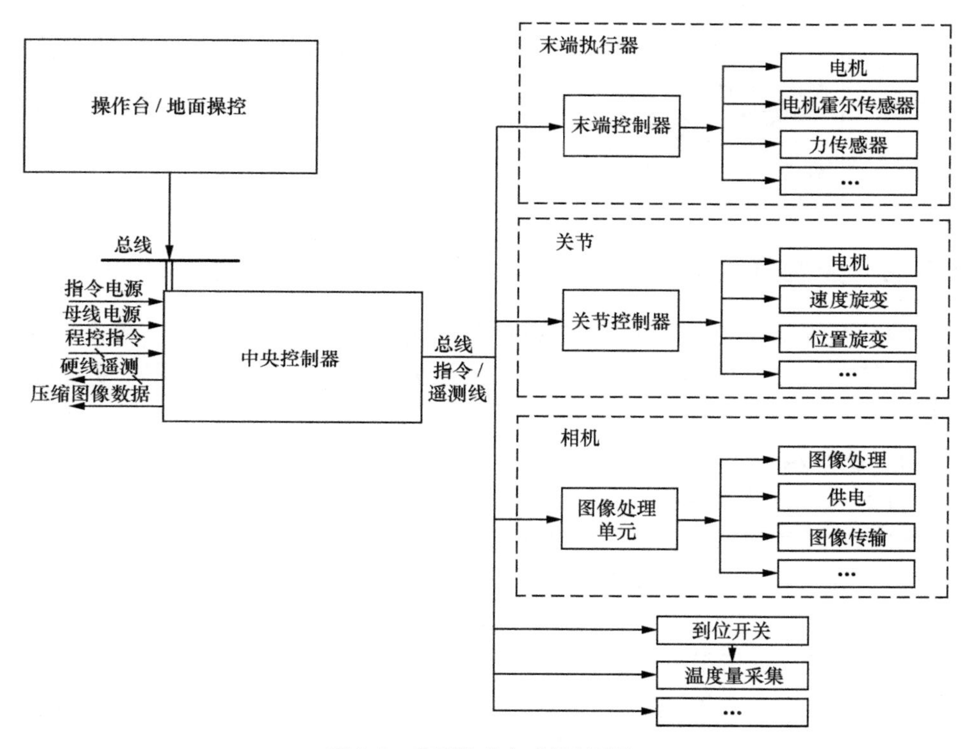

图 3-3 典型的分布式控制系统

2 种架构形式控制系统的优缺点如表 3-1 所示。

表 3-1 集中式控制系统和分布式控制系统的优缺点

架构形式	优点	缺点	适应性
集中式控制	① 系统结构简单； ② 硬件集中设计，在设备质量、功耗等方面具有明显优势； ③ 各任务层之间的数据传输不受总线传输速率的约束，控制算法的设计更为灵活	① 对集中控制单元的处理能力要求较高； ② 一旦集中控制单元发生故障则系统将会整体失效，引发无法估计的危害	由于所有的执行机构一般都在远端，需要将众多线缆经过各执行机构连接至控制系统，导致电缆数量众多，走线设计难度大，因此集中式控制系统适用于自由度低、本体尺寸较短的机器人
分布式控制	① 每个控制器的设计简单且功能相对固定；	① 系统结构本身较为复杂；	受限于抗辐照器件的性能和高可靠要求，空间机器人控制系统产品的小型化设计

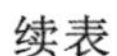
续表

架构形式	优点	缺点	适应性
分布式控制	② 单个控制器发生故障可以通过隔离等手段进行排除，对其他控制器影响不大； ③ 有效分散机器人对控制器处理能力的要求，降低控制器设计的难度； ④ 可以形成标准的接口形式，有利于系统的扩展和工程化实施	② 其各个任务层之间、同一任务层不同单机之间都有单独的硬件平台，因此其质量和功耗也会有相应的增加； ③ 控制算法的同步性较差	往往难以满足小型空间机器人的要求，因此分布式控制系统更适用于自由度较多、本体尺寸较大的空间机器人

3.3.2 控制系统硬件结构

控制系统硬件即控制系统中的硬件元件或设备，如中央控制器、外围电路、传感器等。为保证空间机器人具备良好的控制性能，需为其配备具有高可靠性的硬件控制系统。

1. 设计准则

（1）可靠性设计需求

可靠性设计需求分为可靠性设计要求（如抗力学环境、降额、热设计等）和可靠性量化要求，重点考虑以下因素。

① 抗力学环境设计。结合空间机器人在地面测试、发射、在轨运行等过程中的力学环境，分析得出控制器的抗力学性能，并有针对性地开展设计和试验。

② 降额设计。空间机器人所用元器件在使用中所承受的应力应低于所设计的额定值，以延长元器件的使用寿命。

③ 热设计。分析空间机器人执行任务过程的热环境条件，重点针对处理器、现场可编程门阵列（Field Programmable Gate Array，FPGA）以及功率器件等进行热设计。

④ 抗辐射设计。针对空间辐射总剂量效应，应根据特定轨道的空间环境分析结果对各总剂量敏感器件（如集成电路）进行设计。

⑤ 故障模式与影响分析。梳理控制系统的故障模式，并对各故障模式的影响进行分析，有针对性地设计应对措施，尽量避免单点故障。

⑥ 可靠性量化分析。采用应力分析法对控制系统各控制单元进行可靠性计算，针对可靠性薄弱环节进行设计改进，并根据可靠性计算结果和可靠性要求值确定相关控制单元的冗余方案（如冷热备份、双机/三机备份等）。

（2）与机械系统的匹配设计

空间机器人控制系统产品设计与空间机器人的机械系统耦合紧密，机械系统特性如电机组件的功率和额定速度、传感器的配置及输出信号特性等均会对控制系统设计产生影响。控制系统的电缆需要连接互相之间有相对运动的部件，电缆的布局和走线设计也尤为重要。控制系统与机械系统的匹配设计重点考虑以下因素。

① 极限工作工况分析。控制系统设计时不能只考虑机械系统的额定工况，还应考虑机械系统在极限情况下的工作工况，如电机堵转情况下对驱动模块的功率需求、高低温情况下传动系统效率的变化、关节转角与电缆弯曲角度的关系等。

② 机械系统测试试验分析。在控制系统与机械系统装配完成后要对整个机器人系统进行调试、测试及试验，在此过程中会对控制系统产品进行测试、拆卸、软件更新等，控制系统产品的设计应考虑可测试性和保障性，必要时设计专用的测试接口。

③ 电缆走线分析。受空间机器人构型的影响，控制系统电缆的走线空间比较小，同时电缆还要承受部件运动带来的扭力，并且空间机器人的电缆传输信号包括功率信号、传感器信号、数字信号等多种特性的数据，电磁兼容性设计非常重要。在硬件系统设计初期就应考虑电缆设计，为电缆走线预留空间。

2. 硬件结构设计

（1）关键元器件选型

控制系统的关键元器件主要是处理器、FPGA、通信接口芯片以及电机驱动芯片等，其在选型时应在尽量选取航天专用器件的同时，考虑其性能要求、抗辐射要求、可靠性要求等。

① 航天领域处理器可根据空间机器人控制系统在具体应用的需求进行选用，当需要处理器进行路径规划运算时，需选用 DSP；当仅需要处理器进行任务管理时，可选用单片机。

② 航天领域选用的 FPGA 主要分为 SRAM 型 FPGA 和反熔丝型 FPGA。空间机器人优先选用反熔丝型 FPGA，当反熔丝型 FPGA 无法满足要求时，选用 SRAM 型 FPGA。

③ 通信接口芯片常用的有 DS26C31/32（485 总线）、SJA1000（CAN 总线）、BU61580/65170（1553B 总线）等，可根据总线类型进行选择。

④ 电机驱动芯片的类型较多，可分为分立式方案和集成式方案。分立式方案采用“驱动器+功率 MOSFET”，集成式方案则将驱动电路、功率电路及相关保护电路集成到 1 个模块中。相对于集成式方案，分立式方案器件较多，不利于设备的小型化，因此优选集成式方案。选用集成式方案时需考虑器件的抗辐射性能及质量等级。

（2）中央控制器

中央控制器是控制系统的决策单元，是整个控制系统的控制核心，同时也是空间机器人与外界信息、资源交互的唯一通道。无论在待机还是在工作状态，

中央控制器是整个空间机器人系统的维护者、协调者和命令的发起者，因此必须确保其可靠性。在现阶段提高空间机器人系统可靠性的手段是尽量选取航天专用器件，并融入冗余技术、容错技术和抗辐射技术。

中央控制器的主要功能如下。

① 网络通信功能。实现控制指令的发送和信息的反馈，与数据管理计算机进行通信，接收控制指令并反馈系统的状态参数。

② 故障监测与管理功能。完成对空间机器人系统的故障检测，在发生故障时能采用故障容错管理策略，重组资源，以保证任务的可靠性，同时中央控制器自身也具有容错功能。

③ 安全控制与电源开关控制功能。中央控制器具有故障情况下自动断电功能以及对其他外部设备电源开关控制功能。

④ 数据处理功能。完成空间机器人系统任务的绝大部分数据处理。

⑤ 资源管理功能。完成控制系统资源分配、任务调度等控制。

⑥ 在线编程功能。地面可根据演示任务需要重新注入程序和数据。

随着大规模集成电路和计算机技术的发展，航天领域开始大量地使用计算机控制系统，空间机器人控制系统的中央控制器也由空间计算机代替。空间计算机主要受到以下几个因素的影响。

① 空间计算机由太阳能帆板提供电源，功耗受到严格的限制。

② 由于发射原因，每增加 1 kg 的质量都会给发射带来巨大的影响，空间计算机的体积、质量等受到很大限制。

③ 空间计算机的处理能力一直是限制空间机器人发展的 1 个重要因素。

因此，空间计算机的设计必须综合考虑可靠性与性能、功耗、体积、功能、质量、成本等多方面因素之间相互平衡和协调等问题，以达到综合性能最优。

为了解决空间机器人处理能力要求与空间计算机处理能力矛盾，当前研究主要考虑以下 2 个方面。

① 提高空间计算机的处理能力。可从以下 3 个方面进行考虑：选择高性能计算机处理器提高计算机核心处理速度；选择高速的 SRAM 芯片提高系统的读写速度，进而提高系统处理能力；优化 SRAM 纠检错逻辑，减少因为系统总线隔离及 EDAC 逻辑引起的延时。

② 降低机器人自主控制的计算需求。这一方面主要可以从简化算法的复杂度、降低机器人控制精度等方面进行，但这可能会限制机器人完成任务的质量，也可能会限制机器人控制的灵活性。

（3）关节驱动器

关节驱动器是控制系统的主要执行单元，同时也是控制系统的反馈单元之

一，主要负责关节中位置、电机电流等各类传感器信号的采集、处理，并定期向空间计算机汇报，同时也根据空间计算机的运动规划完成关节的伺服控制任务。在此基础上，关节驱动器还需要完成空间环境下的闭环温度控制、关节内部的故障检测与容错控制等任务，以保证系统正确、可靠的运行。

空间机器人关节驱动器是实现机器人运动和保证末端定位/定姿精度的核心控制部件，在空间机器人执行空间任务中发挥重要作用，具体功能如下。

① 传感器信号采集与处理。完成对机器人各种传感器测量输出信号（如关节位置、电机电流和温度信息等）的采集与处理。

② 关节伺服控制。采用伺服控制算法，实现空间机器人各关节的伺服控制，上位机的位置控制指令为参考输入，而测量的关节位置和转速等为反馈输入。

③ 闭环温控。空间环境温差大，为保证机器人各部件处于能够正常工作的温度范围内，必须对系统内部温度进行控制；依据当前各温度采集点的测量信息和相应的温度控制策略，打开或者关闭加热器，实现系统的闭环温控。

④ 故障检测与系统容错。对系统的运行状态进行监测，一旦发生故障（如关节超限、程序跑飞和硬件失效等），采用相应容错策略，利用冗余的资源进行重组，保证系统的可靠运行。

3.3.3　控制系统软件结构

空间机器人控制系统软件主要用于对整个机器人系统的调度和监控，是控制系统运行的“神经”，其地位可比拟为人的“大脑”，通过响应用户操作、解析命令、调度任务和控制硬件等环节让机器人完成操作任务。

1. 设计准则

空间机器人控制系统的软件属于嵌入式实时软件系统，其设计需要遵循实时嵌入式系统的要求和相应的军用标准、航天规范，具体规则如下。

① 详细分析软件运行的硬件环境约束、设计及实现过程的软件约束、实时性约束和语言能力约束。

② 在满足模块化要求的前提下减少模块数量，在满足信息要求的前提下尽量减少复杂数据结构。

③ 软件设计尽量采用有限状态机模型、消息传递系统。

④ 尽量采用成熟的支持软件、熟悉的开发工具和语言。

⑤ 以软件工程要求为基础，结合能力成熟度模型、个体软件过程和小组软件过程软件质量控制方式，参照《军用软件开发规范》（GJB 437—88）、《航天产品质量保证要求》（QJ 3076—98）和《航天用计算机软件质量度量准

则》（QJ 2544—93）进行软件设计与实现，保证软件的质量。

⑥ 软件设计中对重要的程序模块和数据要有冗余备份的可靠性设计。

⑦ 软件的实现过程中要保证运行能力的余量。

2. 软件架构设计

控制系统软件架构如图 3-4 所示，主要包含可视化软件和中控软件 2 部分。

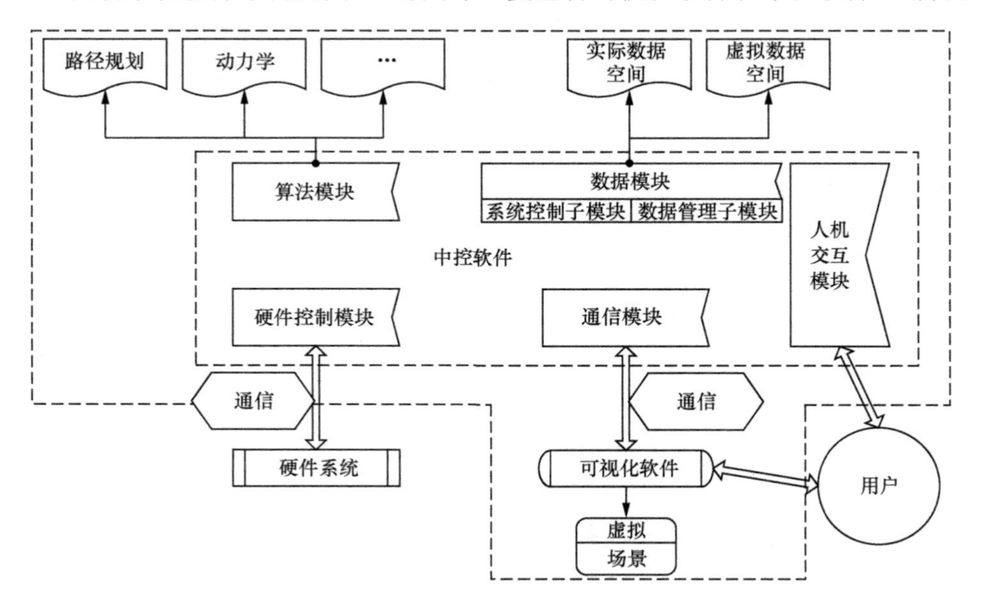

图 3-4　控制系统软件架构

可视化软件能够模拟实际场景状态，如环境障碍、机器人结构、操作目标等，是对数据的直观展现。采用可视化功能，能够减少设计任务时频繁操作硬件的工作量，节约时间，并且能够起到保护实验系统硬件安全的作用。可视化软件中的模型具有与物理场景相同的自由度，能够完全模拟真实物体的运动状态。为实现对各部件的驱动，需要获取对应活动部件的驱动数据，可视化软件通过 TCP/IP 方式与中控软件通信，获得驱动数据并驱动相应部件完成三维动画仿真。

中控软件是软件控制系统的核心，通过与用户交互并解析用户的指令，结合任务调度策略，对仿真系统和硬件系统进行可靠操作，其主要包括人机交互模块、数据模块、算法模块、通信模块和硬件控制模块等。

人机交互模块完成操作人员控制指令的接收与处理，并实时显示运行过程中的状态、数据、指令等各类信息，同时操作人员对软件界面进行操作，以触发响应的形式，经由控制模块的调度实现指令的发送与处理；数据模块是实际场景和虚拟场景信息的数据化，能够存储实际场景和虚拟场景的实时数据信息；算法模块是软件各类功能实

现的具体模块，提供了基本的算法调用，包括路径规划、动力学等；通信模块用于中控软件和可视化软件之间的数据交换，对数据进行组包、分包、数据解析等处理，保证通信质量；硬件控制模块包含对机器人关节、末端执行器、各类传感器驱动的调用方法，能够将数据模块数据转换成硬件的控制命令，实现硬件系统的调用。

各个模块之间均相互独立但也存在交叉通信，如模块之间的数据共享由数据模块的数据管理子模块实现，算法模块由数据模块的系统控制子模块进行统一调度管理。这样既保证了数据的统一性和实时性，又确保了软件的可持续扩展性。系统各模块之间的关系如图 3-5 所示。在实际机器人的控制中，用户通过操作人机交互模块中的用户界面给系统发送指令，传递到数据模块；数据模块根据存储的实际场景或虚拟场景状态对指令进行分析，调用算法模块，获得路径规划、运动控制等输出结果，并对结果加以存储，或传递到软件界面加以显示；最后通过数据模块中的数据管理，传递到通信模块和硬件控制模块，其中通信模块用于实现仿真场景和虚拟场景的状态更新，而硬件控制模块用于控制机器人硬件系统。

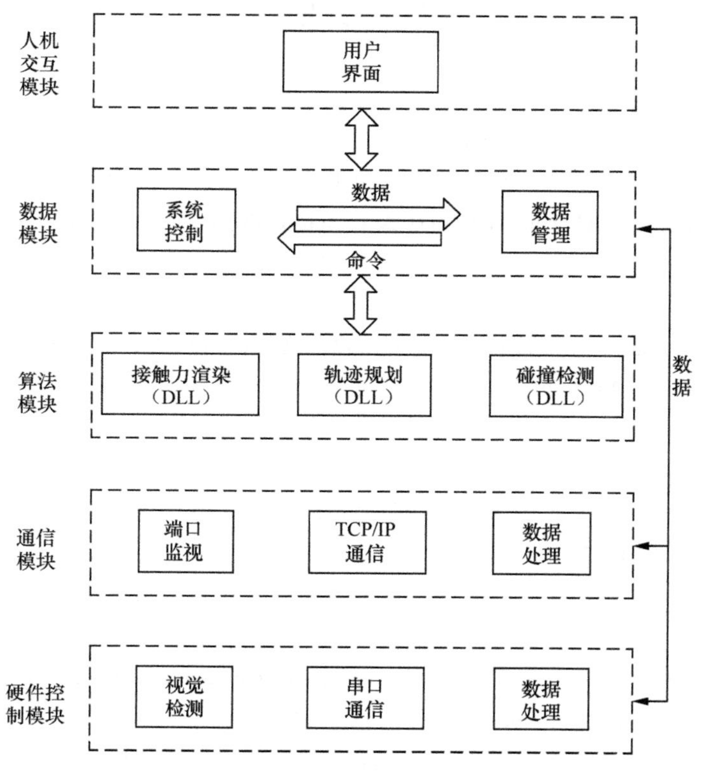

图 3-5　中控软件模块关系

3.4 小结

本章系统介绍了空间机器人系统的设计方法和设计内容。在空间机器人设计与研制过程中，首先应根据其所在的应用环境和需执行的空间任务要求，分析机器人需要满足的功能指标和性能指标，以此指导空间机器人构型、材料和可靠性等设计内容。空间机器人设计是其研制的起始阶段，其设计性能的优劣将影响后续的研发以及应用过程，因此在此阶段要根据应用环境特点和任务需求，全面考虑可能影响的因素，保证所研制的空间机器人性能尽可能最优。

参考文献

[1] 王耀兵，等. 空间机器人[M]. 北京：北京理工大学出版社，2018.

[2] ELLIOTT C, LAYI O, RICHARD R, et al. Dextre: improving maintenance operations on the international space station[J]. Acta Astronautica, 2004, 64(9-10): 869-874.

[3] 岳念，李聪，韩亮亮，等. 模块化轮腿式月面机器人方案设计[J]. 载人航天，2019, 25(5): 667-672.

[4] 王才东，吴健荣，王新杰，等. 六自由度串连机器人构型设计与性能分析[J]. 机械设计与研究，2013, 29(3): 9-13, 27.

[5] 黄勇刚，黄茂林，向成宣，等. 无过约束少自由度并联机器人构型设计方法[J]. 中国机械工程，2009, 20(2): 222-228.

[6] 王耀兵，马海全. 航天器结构发展趋势及其对材料的需求[J]. 军民两用技术与产品，2012, 7: 8, 15-18.

[7] 李红娟，王平，戴建京. 航天器有效载荷工艺选用方法研究[J]. 质量与可靠性，2018, 5: 13-16.

[8] ZHANG T, XU K, YAO Z X, et al. The progress of extraterrestrial regolith-sampling robots[J]. Nature Astronomy, 2019, 3: 487-497.

[9] 王功，赵伟，刘亦飞，等. 太空制造技术发展现状与展望[J]. 中国科学:物理学 力学 天文学，2020, 50(4): 91-101.

[10] 中国人民解放军总装备部. 电子设备可靠性设计手册：GJB/Z 299C—2006[S]. 北

京：总装备部军标出版发行部，2007.

[11] 丁连芬，张永华，杨先振. 可靠性设计手册：第二卷[M]. 北京：航空工业出版社，1988.

[12] 遇今，刘守文. 航天器产品"六性"保证工作方法和内容[J]. 质量与可靠性，2019, 5: 1-4, 9.

[13] 刘志全. 航天器机械可靠性特征量裕度的概率设计方法[J]. 中国空间科学技术，2007, 27(4): 34-43.

[14] 李满宏，马艳悦，张明路，等. 基于凸轮机构的变刚度仿生柔性关节设计与分析[J]. 仪器仪表学报，2019, 40(2): 213-222.

第4章 空间机器人规划与控制技术

空间机器人规划与控制技术是空间机器人能够顺利完成各类空间探索任务的核心，也是保障空间机器人安全可靠运行的基础，对于提升空间机器人作业效率以及延长服役寿命具有重要意义。由于空间机器人自身结构特殊、应用环境复杂且操作任务多样，故对其规划与控制能力具有较高的要求：在规划与控制空间机器人执行操作任务时，需要充分掌握机器人的运动特性及输出作用力/力矩变化规律，而这依赖于运动学及动力学模型的建立；针对待执行的任务，需要依据任务需求和约束条件对任务进行分析、拆解，在此基础上规划得到机器人自身运动轨迹，然后以规划所得的期望轨迹作为输入信号，结合自身状态反馈信息，经控制算法计算得到机器人执行机构的控制信号，实现机器人的控制；在整个任务的执行过程中，机器人需要通过实时获取自身及环境的数据来更新自身及环境状态，并采用交互手段，结合人的智能进行决策，即以空间机器人感知与交互技术获得规划与控制所需数据；此外，环境恶劣、自身结构复杂等因素易导致空间机器人关节发生故障，为此需采用相应容错控制策略实现机器人的故障自处理，使其能够继续执行操作任务。基于此，本章将从空间机器人建模、规划、控制、感知与交互以及容错控制几个方面对相关技术进行介绍。

| 4.1 空间机器人建模 |

空间机器人运动学建模及动力学建模是开展空间机器人规划与控制的基础。空间机器人运动学模型主要从几何的角度描述和研究机器人连杆和基座运动等随时间的变化规律；动力学模型主要研究空间机器人在力/力矩作用下的运动特性。由于空间机器人的工作环境具有微重力特点，其运动学及动力学特性相对于地面机器人有一定的差异，尤其是具有漂浮基座的空间机器人，基座不固定，所搭载机械臂的运动会对机器人本体产生扰动，导致运动学建模和动力学建模变得更加复杂。本节结合实际工程应用重点介绍空间机器人运动学建模和动力学建模方法，并阐述提高模型准确度的空间机器人参数标定方法。

4.1.1 空间机器人运动学建模

空间机器人运动学建模即以一定规则建立连杆坐标系，通过确定连杆坐标系之间矩阵变换关系，建立空间机器人关节空间与末端操作空间的位置级和速度级映射关系，包括正向运动学和逆向运动学 2 部分。正向运动学是研究从关节空间到末端操作空间的映射问题，而逆向运动学则与之相反。对于基座不固

定的空间机器人而言，机械臂的运动可能导致基座位姿发生改变，因此这类空间机器人的运动学与普通地面机器人的运动学有一定的差别。

1. 连杆间几何关系描述方法

空间机器人连杆间几何关系的描述是建立空间机器人运动学模型的基础。建系方法主要分为局部连杆坐标系建系法和全局连杆坐标系建系法。局部连杆坐标系建系方法包括 T（Transformation）矩阵法、D-H（Denavit-Hartenberg）法、MDH（Modified Denavit-Hartenberg）法、MCPC（Modified Complete and Parametrically Continuous）法等；全局连杆坐标系建系法的典型代表为旋量法。

（1）T 矩阵法

T 矩阵法为空间机器人最基本的建系方法，该方法将连杆坐标系间的变换关系直接用齐次变换矩阵表示[1]。通过 T 矩阵法建立连杆坐标系后，可直接获得连杆坐标系间的齐次变换矩阵。该矩阵为 4 行 4 列的矩阵，包含 12 个有效参数，其中 9 个参数构成 3×3 的旋转矩阵，余下 3 个参数构成 3×1 的位置向量。将空间机器人各相邻连杆坐标系间齐次变换矩阵连乘即可得空间机器人基坐标系至末端坐标系的变换关系。

相比其他方法，T 矩阵法对空间机器人结构的描述更加直观，对于相邻关节轴线均互相平行或垂直的空间机器人，T 矩阵参数容易获得，但对于相邻关节轴线不存在以上特殊关系的空间机器人，T 矩阵参数的获取较为困难。

（2）D-H 法

D-H 法是由 Denavit 和 Hartenberg 提出的一种用于描述机构的建系方法[2]，该方法采用α、a、d、θ 4 个参数对机械臂连杆本身和相邻连杆间的关系进行描述。其中，α 定义为相邻关节轴线的夹角，称为连杆扭角；a 定义为相邻关节轴线的公垂线（后面均称为连杆对应的公垂线）的长度，称为连杆长度；d 定义为相邻两连杆对应的公垂线间的偏置，称为关节偏置；θ 定义为相邻两连杆对应的公垂线的夹角，称为关节转角。

D-H 法的优点是涉及参数较少，模型一致性较好。按照 D-H 参数与坐标系的定义方式，基坐标系 X 轴必须位于基坐标系 Z 轴与第一个关节坐标系 Z 轴的公垂线上，同时基坐标系的原点由 X 轴和 Z 轴的交点产生，即意味着基坐标系的位置和方向是机器人构型的函数，必须使用 6 个参数来描述基坐标系与第一关节坐标系之间的变换关系[3]。然而 D-H 法只有 4 个参数，无法完整描述实际运动学参数和名义参数之间的区别，造成了模型的非完整性。另外，对于具有相邻平行关节的空间机器人，其实际关节轴线之间存在平行偏差，关节运动时两轴线间的公垂线长度会发生突变，此时采用 D-H 建系法会引起空间机器人奇异，使得模型具有不连续性[4-7]。

（3）MDH 法

MDH 法是在 D-H 法基础上改进的，采用 Craig-Khalil 连杆约束，在某些方面更清晰和真实地反映了连杆参数[4]。MDH 法采用α、a、d、θ、β 5 个参数对机械臂连杆本身和相邻连杆间的关系进行描述。其中，α、a、d、θ 这 4 个参数的定义与 D-H 法一致，参数 β 表示相邻关节轴线间的夹角在平面 XOZ 的分量，该参数的引入解决了 D-H 法对轴线平行或近似平行的相邻关节建系时出现的参数突变问题。然而，MDH 法仅适用于相邻关节轴线平行或近似平行的情况，对于轴线相互垂直或近似垂直的关节仍应采用 D-H 法建立连杆坐标系。

MDH 法弥补了 D-H 参数法处理树状结构或者闭环结构的机器人时会产生歧义的缺陷[8]，可以用统一的定义来处理串行结构、树结构、闭环结构的机器人以及移动机器人[9]。

（4）MCPC 法

Zhuang 等人为解决机器人运动学建模过程中出现的参数不完整和奇异性问题，提出了 CPC（Complete and Parametrically Continuous）法[10]。CPC 法包含 3 个描述关节转轴方向的运动学参数和 3 个描述两相邻连杆坐标系原点间位置关系的运动学参数，所获得的模型完整且连续，但含有冗余参数。为此，Zhuang 在 CPC 法基础上，又提出了改进的 CPC 法，即 MCPC 法[11]。该方法规定坐标轴 Z_i（$i=1,2,\cdots,n$）与关节 i 的轴线共线，但对末端坐标系不做任何约束，因此对于中间连杆间关系和第 n 个连杆与末端间的关系分别采用了不同的描述形式。中间连杆坐标系间的变换关系被分解成 4 个子变换，通过 4 个子变换间的连乘可以获得连杆坐标系间的变换关系；对于第 n 个连杆与末端，该方法在中间连杆 4 个参数的基础上又增添了 γ和 z 两个参数。其中，γ用于描述末端关节轴线与末端坐标系 Z 轴间的夹角；z 用于描述第 n 个连杆坐标系原点与末端坐标系原点间沿末端关节轴线方向的距离。

MCPC 法避免了 D-H 法在建立坐标系时强加的约束问题，同时也避免了参数突变，并消除了 CPC 参数冗余的问题，简化参数的同时保证了末端坐标系的任意配置。但当工具坐标系的 Z 轴与末端关节坐标系的 Z 轴垂直时，依然会出现模型奇异的情况。

（5）旋量法

旋量法将刚体的运动描述为绕某一轴线的旋转运动与沿该轴线的平移，是最常用的全局连杆坐标系建系方法，其只需建立基坐标系和工具坐标系，然后对各个关节建立普吕克坐标系[12]。采用旋量法对空间机器人运动学关系进行描述时，仅需在空间机器人首尾固连 2 个坐标系，这简化了对机构的分析过程，避免了建立局部连杆坐标系时可能带来奇异性的问题[13]。目前，许多学者采用旋量法研究机器人运动学逆解问题，但是旋量法的逆向运动学求解依赖

Paden-Kahan[14]子问题（即将1个复杂的运动分解为几个连续的简单运动，然后逐步加以求解），不适用于不满足封闭解准则的机器人运动学模型。

2. 空间机器人位置级运动学问题

空间机器人位置级运动学问题是在位置层面研究空间机器人关节角与末端位姿之间的映射关系，其包含位置级的正向运动学和逆向运动学2部分。

（1）空间机器人位置级正向运动学

对于空间机器人而言，其位置级正向运动学是在已知空间机器人关节角的基础上，求解空间机器人末端位姿。当空间机器人基座不固定时，还需要考虑基座位姿的影响。在对基座坐标系的表达上，以D-H法为代表的局部连杆坐标系建系方法与旋量法为代表的全局连杆坐标系建系方法有本质的区别。

① 基于局部连杆坐标系的位置级运动学正解

基于局部连杆坐标系的建模方法是通过建立空间机器人相邻坐标系间的变换关系，进而得到空间机器人末端坐标系相对于惯性系的位姿，如采用T矩阵法、D-H法、MDH法、MCPC法等局部连杆坐标系建立的空间机器人运动学模型，其位置级正向运动学问题可通过各连杆坐标系间变化矩阵的连乘进行求解。由此可在给定基座位姿和关节角情况下求出空间机器人的末端位姿，获得运动学正解。

② 基于全局连杆坐标系的位置级运动学正解

基于全局连杆坐标系的建模方法无需建立各连杆坐标系，仅需建立惯性系和工具坐标系。例如，采用旋量法等全局连杆坐标系建立的空间机器人运动学模型，其位置级正向运动学问题可采用指数积方法进行求解。在建立具有n个关节的空间机器人运动学模型时，可将机器人基座看作1个具有3个平移自由度和3个转动自由度的自由漂浮刚体，此时整个空间机器人具有n+6个自由度。指数积法采用$6r+3p+6$个参数描述机器人运动学模型[15]，r为旋转关节数目，p为平移关节数目。在获得空间机器人末端坐标系相对于基坐标系变换关系的基础上，将其与各个关节的指数积连乘，就能获得运动学正解。

（2）空间机器人位置级逆向运动学

在实际应用中，空间机器人直接控制对象为关节，因此空间机器人的逆向运动学问题具有更重要的意义。在已知空间机器人基座位姿信息的基础上，空间机器人位置级逆向运动学问题可以退化为普通地面机器人位置级逆向运动学问题。常用的普通地面机器人位置级逆向运动学问题求解方法有解析法[16]和迭代法[17]。

解析法是最为经典的求解方法，其利用连杆间的转换关系对已知的机器人末端位姿进行解析求解，得到各关节广义坐标，但该解析结果可能并不唯一。

采用解析法求解位置级逆向运动学问题的思路比较简单，但是计算过程往往较为复杂，因此对于机器人结构中的某些特殊几何关系，可以采用几何法先进行简化。几何法通过辨别机器人构型的关键点，将末端位姿信息转化为各关键点位置信息，然后将各关键点在关节空间进行表达，得到关节角与末端位姿信息对应的方程，再采用解析法对其求解。

对于一些特殊构型机器人的位置级运动学问题，无法求得其闭式解，但可以采用迭代法求其数值解[17]。迭代法将求解问题转化为一个优化问题，即将逆向运动学问题转化为使末端实际位姿与期望位姿之间差值最小的关节向量优化求解问题，然后利用迭代计算得到最优解。

对于空间机器人而言，其结构通常满足存在闭式解的充分条件，在不考虑基座运动的情况下可以通过解析法求得全部闭式解，再采用其他方法选取其中一种较优的可行解。但是对于基座自由漂浮的空间机器人，其满足动量守恒，使得机械臂运动与基座运动之间存在速度耦合关系，解析法无法应用于空间机器人位置级逆向运动学问题求解，因此需研究其速度级逆向运动学问题。

3. 空间机器人速度级运动学问题

空间机器人速度级运动学问题是在已知空间机器人位置级运动学关系的基础上，研究空间机器人关节角速度与末端速度之间的映射关系。根据空间机器人基座是否受控，将其工作模式分为基座完全受控、完全不受控和姿态受控3 种模式，以下按照这 3 种模式对空间机器人速度级运动学问题进行分析。

（1）空间机器人速度级正向运动学

空间机器人速度级正向运动学是在已知空间机器人关节角速度及基座速度的基础上，求解末端速度与基座速度、关节角速度的映射关系，可表示为：

$$\dot{\boldsymbol{x}}_{\mathrm{e}}=\boldsymbol{J}_{\mathrm{b}}\dot{\boldsymbol{q}}_{\mathrm{b}}+\boldsymbol{J}_{\theta}\dot{\boldsymbol{q}}_{\theta} \tag{4.1}$$

式中，$\dot{\boldsymbol{x}}_{\mathrm{e}}$表示惯性系下末端的速度向量；$\boldsymbol{J}_{\mathrm{b}}$表示基座速度向末端速度传递的雅可比矩阵；$\dot{\boldsymbol{q}}_{\mathrm{b}}=\left[v_{\mathrm{b}},\omega_{\mathrm{b}}\right]^{\mathrm{T}}$表示惯性系下基座的速度向量；$\boldsymbol{J}_{\theta}$表示空间机器人关节角速度向末端速度传递的雅可比矩阵；$\dot{\boldsymbol{q}}_{\theta}$表示关节空间关节角速度向量。

从式（4.1）可看出，空间机器人速度级正向运动学问题求解的关键在于求得雅可比矩阵。不同工作模式下，空间机器人雅可比矩阵建立过程存在差别。

① 在完全受控模式下，基座的姿态和位置均可控，$\boldsymbol{J}_{\mathrm{b}}$、$\dot{\boldsymbol{q}}_{\mathrm{b}}$ 均为已知量，此时末端速度表达式为：

$$\dot{\boldsymbol{x}}_{\mathrm{e}}=\boldsymbol{J}_{\theta}\dot{\boldsymbol{q}}_{\theta}+\boldsymbol{C} \tag{4.2}$$

式中，$\boldsymbol{C}=\boldsymbol{J}_{\mathrm{b}}\dot{\boldsymbol{q}}_{\mathrm{b}}$为基座速度。

当基座位姿保持不变，即基座速度 $\boldsymbol{C}$=**0**，此时为基座固定的空间机器人，由式（4.2）可得基座固定机器人的广义雅可比矩阵 $\boldsymbol{J}_{\mathrm{M}}$，其表达式如下：

$$\boldsymbol{J}_{\mathrm{M}}=\boldsymbol{J}_{\theta} \tag{4.3}$$

② 在完全不受控模式下，无外力或外力矩作用，系统线动量和角动量均守恒，此时机械臂运动与基座运动相互影响，假设初始状态下系统的动量 $\boldsymbol{P}$ 和角动量 $\boldsymbol{L}_0$ 均为零，可得到以下关系式：

$$\begin{bmatrix} \boldsymbol{P} \\ \boldsymbol{L}_0 \end{bmatrix} = \boldsymbol{H}_1\dot{\boldsymbol{q}}_{\mathrm{b}} + \boldsymbol{H}_2\dot{\boldsymbol{q}}_{\theta} = \boldsymbol{O}_{6\times1} \tag{4.4}$$

式中，$\boldsymbol{H}_1$ 表示机器人基座动量矩阵；$\boldsymbol{H}_2$ 表示机器人关节动量矩阵。

由式（4.4）可得基座速度同关节角速度之间的映射关系为：

$$\dot{\boldsymbol{q}}_{\mathrm{b}} = -\boldsymbol{H}_1^{-1}\boldsymbol{H}_2\dot{\boldsymbol{q}}_{\theta} = \boldsymbol{J}_{\mathrm{bm}}\dot{\boldsymbol{q}}_{\theta} \tag{4.5}$$

式中，$\boldsymbol{J}_{\mathrm{bm}} = -\boldsymbol{H}_1^{-1}\boldsymbol{H}_2$。

将式（4.5）代入式（4.1），得到末端速度表达式如下：

$$\dot{\boldsymbol{x}}_{\mathrm{e}} = \boldsymbol{J}_{\mathrm{b}}\dot{\boldsymbol{q}}_{\mathrm{b}} + \boldsymbol{J}_{\theta}\dot{\boldsymbol{q}}_{\theta} = \left(\boldsymbol{J}_{\theta} - \boldsymbol{J}_{\mathrm{b}}\boldsymbol{H}_1^{-1}\boldsymbol{H}_2\right)\dot{\boldsymbol{q}}_{\theta} \tag{4.6}$$

因此，完全不受控模式下，空间机器人的广义雅可比矩阵 $\boldsymbol{J}_{\mathrm{float}}$ 表达式如下：

$$\boldsymbol{J}_{\mathrm{float}} = \boldsymbol{J}_{\theta} - \boldsymbol{J}_{\mathrm{b}}\boldsymbol{H}_1^{-1}\boldsymbol{H}_2 \tag{4.7}$$

③ 在姿态受控模式下，基座的姿态可控，即基座的角速度为已知量，系统满足线动量守恒，若初始状态下系统线动量为零，则根据动量守恒有

$$\begin{aligned}\boldsymbol{P} &= \sum_{i=0}^{n}\left(m_i\boldsymbol{v}_i\right) \\ &= M\boldsymbol{v}_0 + M\boldsymbol{r}_{0g}^{\times}\boldsymbol{\omega}_0 + \left(\sum_{i=1}^{n}\left(m_i\boldsymbol{J}_{\mathrm{L}i}\right)\right)\dot{\boldsymbol{q}}_{\theta} \\ &= M\boldsymbol{v}_0 + M\boldsymbol{r}_{0g}^{\times}\boldsymbol{\omega}_0 + \boldsymbol{J}_{\mathrm{TM}}\dot{\boldsymbol{q}}_{\theta} \\ &= \boldsymbol{O}_{3\times1}\end{aligned} \tag{4.8}$$

式中，M 表示系统的总质量；$\boldsymbol{v}_0$ 表示惯性系下基座线速度；$\boldsymbol{\omega}_0$ 表示惯性系下基座角速度；$\boldsymbol{J}_{\mathrm{TM}} = \sum_{i=1}^{n}\left(m_i\boldsymbol{J}_{\mathrm{L}i}\right)$，当 i=0 时表示基座的相关参数，$\boldsymbol{J}_{\mathrm{L}i}$ 表示关节 i 线速度雅可比矩阵；$\boldsymbol{r}_{0g}^{\times}$ 表示惯性系下系统质心位置向量的反对称矩阵。

结合式（4.8）与式（4.1）得到末端速度表达式如下：

$$\dot{\boldsymbol{x}}_{\mathrm{e}} = \begin{bmatrix} -\boldsymbol{r}_{0g}^{\times} \\ \boldsymbol{E}_3 \end{bmatrix}\boldsymbol{\omega}_0 + \begin{bmatrix} \boldsymbol{J}_{\mathrm{L}n} - \boldsymbol{J}_{\mathrm{bv}}\boldsymbol{J}_{\mathrm{TM}}/M \\ \boldsymbol{J}_{\mathrm{A}n} \end{bmatrix}\dot{\boldsymbol{q}}_{\theta} \tag{4.9}$$

式中，$\boldsymbol{J}_{An}$表示关节n角速度雅可比矩阵；$\boldsymbol{J}_{bv}$为雅可比矩阵$\boldsymbol{J}_b$对应于基座线速度的前3列。

令基座姿态保持不变，则基座角速度$\boldsymbol{\omega}_0=\mathbf{0}$，由式（4.9）可得空间机器人的广义雅可比矩阵$\boldsymbol{J}_{fly}$，其表达式如下：

$$\boldsymbol{J}_{fly}=\begin{bmatrix}\boldsymbol{J}_{Ln}-\boldsymbol{J}_{bv}\boldsymbol{J}_{TM}/M\\ \boldsymbol{J}_{An}\end{bmatrix} \tag{4.10}$$

（2）空间机器人速度级逆向运动学

空间机器人速度级逆向运动学问题求解是在已知末端速度的基础上，求解关节角速度及基座速度。

在基座处于完全不可控和姿态可控模式下时，基座位姿会随空间机器人关节的运动而变化，因此针对此2种工作模式，空间机器人速度级逆向运动学问题需根据末端速度与基座速度、关节角速度之间的映射关系来求解，即

$$\dot{\boldsymbol{q}}_{\theta}=\boldsymbol{J}^{+}\dot{\boldsymbol{x}}_{e} \tag{4.11}$$

下面同样分3种工作模式介绍空间机器人速度级逆向运动学求解。

① 在完全受控模式下，通过对空间机器人雅可比矩阵求逆，即可得到空间机器人速度级的运动学逆解。

② 在完全不受控模式下，通过对空间机器人广义雅可比矩阵求逆，即可得到空间机器人速度级的运动学逆解。

③ 在姿态受控模式下，通过对空间机器人飞行雅可比矩阵求逆，即可得到空间机器人速度级的运动学逆解。

通过求解空间机器人速度级逆向运动学问题可以实现对空间机器人在末端操作空间的位姿控制，这在空间机器人的运动分析、离线编程、轨迹控制中都有重要的应用。

4.1.2 空间机器人动力学建模

空间机器人动力学模型主要用于建立空间机器人的运动与其所受的作用力/力矩的关系。相对于地面固定基座的机器人，空间机器人通常具有漂浮基座，基座与机械臂的运动相互耦合，动力学特性更复杂[18]。此处先对常用的机器人刚体动力学建模方法进行简要介绍，进而考虑空间机器人的连杆柔性特性，介绍空间机器人柔性动力学建模方法。

1. 空间机器人刚体动力学建模

空间机器人刚体动力学建模的方法主要有牛顿-欧拉法、拉格朗日法、凯恩法以及空间算子代数法等，下面对这几种动力学建模方法进行简要介绍。

（1）牛顿-欧拉法

在牛顿提出牛顿运动定律超过半个世纪后，欧拉于 1750 年成功使用欧拉方程对欧拉运动定律进行定量描述，欧拉运动定律是牛顿定律的延伸。欧拉方程通常与牛顿的平移运动方程一起写出，故又称为牛顿-欧拉（Newton-Euler）方程[19]。

牛顿-欧拉法本质上是基于矢量力学的动力学建模方法，其通过对系统中每个单元做隔离处理，应用牛顿第二定律和质心动量矩定理推导单元质心的平移运动方程，并基于欧拉运动定律推导质心的转动方程，就得到了系统中各个单元的动力学方程，再根据各单元之间的约束关系，进而递推得出整个系统的动力学方程。

牛顿-欧拉法形式直观，物理意义明确，推导出的动力学方程容易进行变换，可以为空间机器人运动确定其所需的力与力矩。但牛顿-欧拉方程中包含空间机器人关节处的约束反力，要消去形成空间机器人运动和驱动关系的显式较烦琐，故其主要用于力分析和机构设计。

（2）拉格朗日法

1788 年，Lagrange 以动力学普通方程为基础，基于系统能量对广义坐标和广义速度的偏导数建立了形式简洁的动力学方程，该方法被称为拉格朗日法[20]。拉格朗日法适用于完整系统，是经典力学发展中继牛顿运动定律后的又一里程碑。

拉格朗日法以分析力学为基础，从能量角度出发建立动力学方程，首先根据系统的自由度选取合适的广义坐标，再用广义坐标表示各单元的动能和势能，代入到拉格朗日方程中，进而推导出系统的动力学方程。应用拉格朗日法建立的系统动力学方程一般为一组微分-代数方程，微分方程表示广义坐标及其导数与广义力的关系，而代数方程表示各单元间的约束关系。

拉格朗日法从能量角度出发，避免了方程中出现内力项，动力学方程简洁，计算效率高，但建模过程对动能和势能的推导较为复杂，且广义坐标的选取也有一定难度。

（3）凯恩法

1961 年，Kane 提出了一个建立动力学系统运动微分方程的一般方法[21]。其基本思想源于 Gibbs 和 Appell[22]的伪坐标概念，避免使用动力学函数求导的烦琐步骤，直接利用 D'Alembert 原理建立动力学方程，即凯恩方程[23]。凯恩方程可称为拉格朗日形式的 D'Alembert 原理，兼有矢量力学和分析力学的特点，既适用于完整系统，又适用于非完整系统。

凯恩法引入“广义速率”概念，以广义坐标表征惯性空间坐标系下该系统的相对参考位置，计算该系统相对于坐标系的广义速率，结合牛顿第二定律和质心动量矩定理计算广义主动力和广义惯性力，最后由 D'Alembert-Lagrange 原理导出凯恩动力学方程[24]。

凯恩法的特点是既可以像拉格朗日法一样避免方程中出现内力项，简化方程，避免烦琐的微分运算，又类似于牛顿-欧拉法，方程物理意义明确，同时所得方程可以化为 $XU=Y$ 的标准形式，不含待定乘子，可方便地在计算机上求解，计算效率较高[25]。

（4）空间算子代数法

20 世纪 90 年代前后，Guillermo[26]将滤波理论与多体系统计算动力学内在结构相统一，发现了二者的内在联系，发展了 $O(n)$阶多体系统动力学的空间算子代数法。

利用空间算子代数法建立空间机器人的动力学方程，首先要建立便于空间算子描述的空间机器人系统坐标系，并确定坐标系下各符号的意义，进而分析各杆件的运动关系，定义空间机器人相邻杆件的速度、力、力矩递推算子，从而通过空间算子得到相邻连杆之间的变换关系。

相比牛顿-欧拉法递推动力学方程，空间算子代数法建立的空间机器人动力学模型有更直观的表达和求解方式，省去了较为烦琐的递推过程以及坐标系之间的转换过程，突破了以往多体系统动力学建模效率低的瓶颈，可实现动力学的高效建模。

2. 考虑连杆柔性的空间机器人动力学建模

空间机器人所具有的质量轻、连杆长、负载/自重比大等特点，会使得其在执行任务过程中出现连杆柔性变形，影响操作精度。因此，为了实现空间机器人精确控制，需要在其动力学建模过程中考虑连杆的柔性特性。

考虑连杆柔性的空间机器人动力学建模的关键在于如何对连杆的柔性变形进行数学表征。一般情况下，空间机器人连杆为均匀细长杆，其截面尺寸远小于其长度，故可忽略剪切变形和轴向变形，只考虑弯曲弹性变形的影响。假设连杆弹性形变始终发生在其弹性范围内，通常可使用柔性体离散化方法将连杆离散成有限自由度作为近似分析模型进行动力学建模。常见的柔性体离散化方法有假设模态法[27]、集中质量法[28]和有限元法[29]。

（1）假设模态法

假设模态法以瑞利-里茨（Rayleigh-Ritz）法[30]为基础，采用模态截断技术将柔性体的高阶模态截断，即利用有限个模态函数（以时间与空间坐标为变量来描述振动的函数）的线性组合来表征连杆的柔性变形。具体而言，先分析连杆的边界约束条件，基于连杆运动特点获得其柔性变形的振型函数（以空间坐

标为变量来描述振动形状的函数），在此基础上求解模态函数的具体表达式，由此获得连杆柔性变形的数学表征。

将考虑柔性特性的连杆视为欧拉-伯努利梁，用梁的横截面形心的线位移和截面角位移描述变形，运用假设模态法将梁的变形表示为不同阶次的模态函数的线性组合，并将贡献小的高阶模态截去，以减少计算复杂度，即可得到梁的弯曲变形函数。结合拉格朗日方程，建立空间机器人的柔性动力学方程，其形式为：

$$\boldsymbol{H}(\boldsymbol{q})\ddot{\boldsymbol{q}}+\boldsymbol{C}(\boldsymbol{q},\dot{\boldsymbol{q}})=\left[\boldsymbol{F}_{\mathrm{b}}^{\mathrm{T}},\boldsymbol{0},\boldsymbol{\tau}_{\theta}^{\mathrm{T}}\right]^{\mathrm{T}} \tag{4.12}$$

式中，$\boldsymbol{H}(\boldsymbol{q})$为空间机器人的惯量矩阵；$\boldsymbol{C}(\boldsymbol{q},\dot{\boldsymbol{q}})$为与广义坐标位移和速度有关的非线性项；$\boldsymbol{F}_{\mathrm{b}}$为基座扰动力；$\boldsymbol{\tau}_{\theta}$为关节控制力矩。

可将动力学方程（4.12）的各系数矩阵展开，得到：

$$\begin{bmatrix}\boldsymbol{H}_{\mathrm{b}} & \boldsymbol{H}_{\mathrm{b}\delta} & \boldsymbol{H}_{\mathrm{b}\theta}\\ \boldsymbol{H}_{\mathrm{b}\delta}^{\mathrm{T}} & \boldsymbol{H}_{\delta} & \boldsymbol{H}_{\delta\theta}\\ \boldsymbol{H}_{\mathrm{b}\theta}^{\mathrm{T}} & \boldsymbol{H}_{\delta\theta}^{\mathrm{T}} & \boldsymbol{H}_{\theta}\end{bmatrix}\begin{bmatrix}\ddot{\boldsymbol{q}}_{\mathrm{b}}\\ \ddot{\boldsymbol{q}}_{\delta}\\ \ddot{\boldsymbol{q}}_{\theta}\end{bmatrix}+\begin{bmatrix}\boldsymbol{c}_{\mathrm{b}}\\ \boldsymbol{c}_{\delta}\\ \boldsymbol{c}_{\theta}\end{bmatrix}+\begin{bmatrix}0\\ \boldsymbol{K}_{\mathrm{f}}\boldsymbol{q}_{\delta}\\ 0\end{bmatrix}=\begin{bmatrix}\boldsymbol{F}_{\mathrm{b}}\\ \boldsymbol{0}\\ \boldsymbol{\tau}_{\theta}\end{bmatrix} \tag{4.13}$$

式中，$\ddot{\boldsymbol{q}}_{\mathrm{b}}$、$\ddot{\boldsymbol{q}}_{\delta}$、$\ddot{\boldsymbol{q}}_{\theta}$分别为漂浮基座位姿、柔性连杆模态坐标、关节角；$\boldsymbol{H}_{\mathrm{b}}$、$\boldsymbol{H}_{\delta}$、$\boldsymbol{H}_{\theta}$分别为漂浮基座位姿、柔性模态坐标、关节角对应的惯量矩阵；$\boldsymbol{H}_{\mathrm{b}\delta}$、$\boldsymbol{H}_{\mathrm{b}\theta}$、$\boldsymbol{H}_{\delta\theta}$分别为基座位姿与柔性模态坐标、基座位姿与关节角、柔性模态坐标与关节角的耦合惯量矩阵；$\boldsymbol{c}_{\mathrm{b}}$、$\boldsymbol{c}_{\delta}$、$\boldsymbol{c}_{\theta}$分别为与漂浮基座位姿、柔性模态坐标、关节角对应速度依赖的非线性项；$\boldsymbol{K}_{\mathrm{f}}$为模态刚度矩阵。

采用假设模态法建立的动力学方程规模较小，计算效率较高，在仿真与实时控制上有较大的优势。由于复杂结构的模态函数较难求解，故其比较适合形状规则的柔性体，如横截面均匀的单连杆，而不适合用于描述结构复杂的系统。

（2）集中质量法

集中质量法将考虑柔性特性的连杆离散成若干个刚性段并进行质量集中，刚性段之间通过柔性连接器（通常是线性或非线性的弹簧阻尼器）连接，基于此实现对连杆柔性变形的数学表征。具体而言，将 1 个结构连续的连杆的质量分布在一些位置集中起来，化为若干个集中质量块，认为各个质量块是只有质量而无刚度参数，且各个集中质量块之间使用没有质量且被看作是刚体或有弹性的弹性体进行连接，它们的质量可以不计或折合到集中质量上。在实际应用时，对于集中质量块位置的选取常采用平均分配，集中质量块之间的弹性体常视为线性弹簧。将柔性连杆等效为 N 个末端带有集中负载的弹簧系统，且弹簧末端的负载及弹簧的刚度系数均为已知，然后通过求取等效后的弹簧系统的动能和势能即可获得连杆的动能和势能，并将其代入拉格朗日方程，可获得考虑

柔性特性的连杆的动力学模型为：

$$M\ddot{Q}+KQ=b\tau \tag{4.14}$$

式中，$b=\begin{bmatrix}1 & 0 & 0 & \cdots & 0\end{bmatrix}^{\mathrm{T}}_{(N+1)\times 1}$；$K$ 是刚度矩阵；$Q=\begin{bmatrix}\theta & \phi_1 & \cdots & \phi_N\end{bmatrix}^{\mathrm{T}}$，$\theta$ 是关节转角，ϕ_i 是第 i 个弹簧系统右端点在关节坐标系下的转动角度；$M\in\mathbb{R}^{(N+1)\times(N+1)}$ 是对称正定的惯量矩阵。定义 $X=\begin{bmatrix}Q^{\mathrm{T}} & \dot{Q}^{\mathrm{T}}\end{bmatrix}^{\mathrm{T}}$，则式（4.14）可以简化为：

$$\dot{X}=\begin{bmatrix}O_{(N+1)\times(N+1)} & E_{N+1}\\ -M^{-1}K & O_{(N+1)\times(N+1)}\end{bmatrix}X+\begin{bmatrix}O_{(N+1)\times(N+1)}\\ M^{-1}b\end{bmatrix}\tau \tag{4.15}$$

集中质量法易于操作，条理清晰，建模过程中不需要建立刚度和质量函数，求解较假设模态法简单，适用于部件外形复杂的柔性系统，但在自由度相同的情况下，其模型精度低于有限元法[31]。

（3）有限元法

有限元法是将具有无限自由度的连杆离散化为具有有限自由度的单元集合体，通过描述单元集合体的变形来实现对连杆柔性变形的数学表征。将考虑柔性特性的连杆视作与电动机相连的欧拉-伯努利梁，接着将梁均匀地分成 N 等份，每个节点视为刚性节点。取梁的任意部分，将梁的位移变化以 q_{2i-1} 和 q_{2i+1} 表示，将梁的转动位移以 q_{2i} 和 q_{2i+2} 表示，如图 4-1 所示。

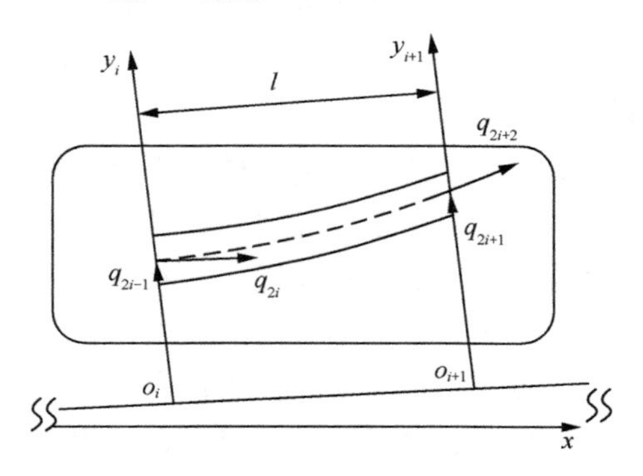

图 4-1　梁的任意部分的变形

在此基础上，通过旋转变换建立相邻节点位移间的关系，基于此获取系统的动能和势能，结合拉格朗日法建立系统的动力学模型如下：

$$M(q)\ddot{q}+C(q,\dot{q})\dot{q}+Kq=b\tau \tag{4.16}$$

式中，$\boldsymbol{M}(\boldsymbol{q})$是对称正定的惯量矩阵；$\boldsymbol{K}$ 是常对称的刚度矩阵；矩阵 $\boldsymbol{C}(\boldsymbol{q},\ \dot{\boldsymbol{q}})$中的元素 c_{jk} 可表示为 $c_{jk}=\sum_{i=1}^{2N+1}\frac{1}{2}\left(\frac{\partial m_{kj}}{\partial u_i}+\frac{\partial m_{ki}}{\partial u_j}-\frac{\partial m_{ij}}{\partial u_k}\right)\dot{u}_i$，$m_{ij}$是 $\boldsymbol{M}(\boldsymbol{q})$中第 i 行第 j 列的元素，$u_1=\theta$，$u_2=q_3$，…，$u_{2N+1}=q_{2N+1}$；$\boldsymbol{b}=\begin{bmatrix}1 & 0 & \cdots & 0\end{bmatrix}^{\mathrm{T}}\in\mathbb{R}^{(2N+1)\times 1}$。

令 $\boldsymbol{X}=\begin{bmatrix}\boldsymbol{q}^{\mathrm{T}} & \dot{\boldsymbol{q}}^{\mathrm{T}}\end{bmatrix}^{\mathrm{T}}=\begin{bmatrix}\theta & q_3 & \cdots & q_{2N+1} & \dot{\theta} & \dot{q}_3 & \cdots & \dot{q}_{2N+1}\end{bmatrix}^{\mathrm{T}}\in\mathbb{R}^{(4N+2)\times 1}$，则式（4.16）可以表示为：

$$\dot{\boldsymbol{X}}=\begin{bmatrix}\boldsymbol{O}_{(2N+1)\times(2N+1)} & \boldsymbol{E}_{2N+1}\\ -\boldsymbol{M}^{-1}\boldsymbol{K} & -\boldsymbol{M}^{-1}\boldsymbol{C}\end{bmatrix}\boldsymbol{X}+\begin{bmatrix}\boldsymbol{O}_{(2N+1)\times(2N+1)}\\ \boldsymbol{M}^{-1}\boldsymbol{b}\end{bmatrix}\tau \tag{4.17}$$

有限元法适合几何形状复杂的物体建模，其求解步骤较为系统化、标准化，适合程序化计算，但所得的动力学方程比较复杂，动态响应的求解运算量也较大，同时还不能进行系统的参数化分析。

对于同一空间机器人，使用不同的动力学建模方法可得到不同的动力学表达式，并且其计算速度和计算量相差较大。有些算法可以求解空间机器人正向动力学问题和逆向动力学问题，而有些则只能求解单向问题。因此在进行空间机器人动力学建模时，需综合考虑各类建模方法的特性，以及不同的应用场合下对精确性、稳定性以及收敛性的需求。

4.1.3　空间机器人参数标定/辨识

空间机器人运动学模型和动力学模型是空间机器人规划和控制的基础，其模型的准确度决定了空间机器人运动和力控制的精度。然而，受零部件机械加工装配误差，发射力学条件，冲击或碰撞以及长期服役引起的变形、磨损等因素的影响，空间机器人运动学参数的实际值与名义值并不相同；此外，执行任务时燃料的消耗和未知目标的捕获等，这些都会引起其动力学参数变化。因此，为满足空间任务对空间机器人控制的高要求，需要对空间机器人进行运动学参数标定和动力学参数辨识，以进一步改善与提高空间机器人的操作精度。

1. 运动学参数标定

运动学参数标定是提升空间机器人位姿精度的重要手段，主要通过建立运动学参数误差与末端位姿误差之间的映射关系，进而得到近似准确的运动学参数。根据空间机器人运动学参数标定的场景，可以将其分为入轨前地面运动学参数标定和入轨后运动学参数自标定。入轨前地面运动学参数标定用于原理样机、地面试验阶段以及发射前的地面准备阶段，通常采用高精度的测量设备，具有标定结果准确、标定参数全面等特点；而当空间机器人发射升空后，受到设备和太空环境的限制，则会利用自身的位姿测量传感器或运动副建立冗余约束关系，通过自标定方法实现运动学参数标定，具有标定方法简单、无需外部设备和人工操作的特点。2 种标定方法的主要区别在于对设备和环境要求不同，但是两者的运动学参数标定流程大致相同。

根据机器人运动学参数标定过程中是否建立误差模型，可以将其分为基于误差模型的运动学参数标定和无误差模型的运动学参数标定[32]。前者的优点是机器人能够在整个工作空间内精确标定，并且通过修正运动学参数补偿末端位姿误差，更能满足空间机器人高精度的要求；后者的优点在于利用位置误差映射实现误差补偿，简化了标定流程，通常适用于对精度要求不高的地面工业机器人[33]。

基于误差模型的机器人运动学参数标定是以机器人运动学参数误差与末端位姿误差间的映射关系为基础，根据末端位姿误差求解运动学参数误差，主要包括建立运动学模型、末端位姿测量、运动学参数辨识和运动学参数误差补偿 4 个步骤[34]。

（1）建立运动学模型

用于机器人运动学参数标定的运动学误差模型需要满足完整性、连续性和最小参数原则[35]。完整性是指运动学误差模型必须有足够的参数来描述运动学参数实际数值与名义数值的偏差；连续性是指机器人几何结构微小变化能够映射为运动学参数的微小变化；最小参数原则是指描述运动学误差模型的参数数目最少，无冗余参数。根据模型的完整性、连续性和参数最少化原则可以得出各类建模方法特性汇总，如表 4-1 所示。

表 4-1　各类建模方法特性汇总情况

建模方法	完整性	连续性	无冗余参数	适用于标定
D-H 法	否	否	是	否
MDH 法	是	是	是	是
CPC 法	是	是	是①	是
MCPC 法	是	是	是	是
指数积法	是	是	是	是

注①：CPC 法用来建模的参数是冗余的，但这些冗余参数可在标定过程中轻易消除。

（2）末端位姿测量

末端位姿数据的精度影响了运动学参数标定精度，不同的测量设备获取的末端位姿数据精度不相同，其操作的复杂程度也不同，在机器人运动学参数标定过程中常用的测量设备包括三坐标测量机[36]、激光跟踪仪[37]和相机[38]等。其

中，三坐标测量机具有测量精度高、可靠性好等优点，但其占用空间较大、成本比较高；激光跟踪仪具有高精度、高效率、实时跟踪测量和操作简单等优点，在空间机器人地面运动学参数标定中应用较为广泛；相机具有成本低、测量技术成熟、无需人工辅助操作等优点，是空间机器人在轨运动学参数自标定的首选测量设备。

由于机器人运动学参数标定过程中通过构建超定方程组实现对运动学参数的求解，需要保证构建的方程数目多于机器人运动学参数，而不同运动学模型所需的连杆参数数量不同，因此末端位姿测量的数据量取决于标定所采用的运动学建模方法。此外，测量数据应在满足标定需求基础上适当增加，以用于验证运动学参数标定精度。

（3）运动学参数辨识

基于误差模型的机器人运动学参数辨识的核心问题是运动学误差模型的建立和解算。运动学误差模型的建立以末端位姿实际值与名义值偏差为输入条件，通过线性化各运动学参数与输入条件之间的映射关系，从而可以得到机器人运动学线性误差模型,利用上述建模方法均可以建立机器人运动学误差模型，虽然不同方法的参数与具体表达形式各不相同，但是误差模型的整体建立思路是一致的。

其通式可表示为：

$$\Delta \boldsymbol{E} = \boldsymbol{J}_{\mathrm{e}} \cdot \Delta \boldsymbol{X} \tag{4.18}$$

式中，$\Delta \boldsymbol{E} \in \mathbb{R}^{6\times1}$ 表示末端位姿实际值和名义值的偏差，末端位姿的名义值可以通过数值计算得到，实际值可以通过测量得到；$\Delta \boldsymbol{X} \in \mathbb{R}^{m\times1}$ 表示机器人运动学参数误差，其中 m 表示机器人运动学参数的数量；$\boldsymbol{J}_{\mathrm{e}} \in \mathbb{R}^{6\times m}$ 表示误差雅可比矩阵，描述了机器人运动学参数误差与末端位姿误差间的映射关系，可由运动学模型推导得到。

由于误差雅可比矩阵 $\boldsymbol{J}_{\mathrm{e}}$ 是 1 个 $6\times m$ 的矩阵，可以构造 6 个方程求解 6 个未知数，而 m 远大于 6，因此为了解得所有的运动学参数误差，需要变换机器人构型获得多组末端位姿测量信息，构造超定方程组，通过式（4.18）可求得机器人运动学参数误差为：

$$\begin{bmatrix} \Delta \boldsymbol{X}_1 \\ \vdots \\ \Delta \boldsymbol{X}_i \\ \vdots \\ \Delta \boldsymbol{X}_k \end{bmatrix} = \begin{bmatrix} \boldsymbol{J}_{\mathrm{e}1} \\ \vdots \\ \boldsymbol{J}_{\mathrm{e}i} \\ \vdots \\ \boldsymbol{J}_{\mathrm{e}k} \end{bmatrix} \cdot \Delta \boldsymbol{E} \tag{4.19}$$

式中，k 表示机器人构型组数。

在一组标定构型中，通常包含构型的关节角序列和构型组数 2 个方面的信息，由于不同构型对运动学参数误差观测能力的差异，构型的质量会影响机器人运动学参数辨识结果，而构型组数则会影响测量和计算的效率[39]。因此，需要考虑构型组的误差观测能力以及全局性，对构型组进行评价，以挑选出能够获得最优标定效果的标定构型组，提升运动学参数标定的精度和效率。

（4）运动学参数误差补偿

利用最小二乘法求解运动学参数误差，仅通过一次计算无法得到理想值，需要进行多次迭代，即用计算求得的运动学参数误差修正名义运动学参数，并将修正后的运动学参数作为新的名义运动学参数，逐次补偿运动学参数误差，最终至迭代收敛，才可获得准确的运动学参数。

2. 动力学参数辨识

动力学模型的准确程度直接影响空间机器人控制的品质与动态特性，而动力学参数辨识是提升空间机器人动力学模型准确度的重要手段。基座漂浮空间机器人在执行任务过程中，机器人的运动会导致基座位姿变化、目标捕获后会导致负载增加、燃料消耗会导致基座质量减少，这些情况都会使空间机器人的动力学参数发生改变，从而影响其运动和力控制精度，因此需要通过动力学参数标定以提高空间机器人操作精度。目前，空间机器人的动力学参数辨识方法主要有牛顿-欧拉法、基于力矩的方法和动量守恒法。

（1）牛顿-欧拉法

该方法通过建立传统的牛顿-欧拉动力学方程，将其改写为可对动力学参数进行线性化的等效牛顿-欧拉动力学方程，进而采集系统的输入（驱动力/力矩）和输出（关节位置、速度、加速度）信息，以此辨识动力学参数。

该方法理论简单，但需要实际测量空间机器人位置级、速度级、加速度级的数据以及各关节处的六维力数据。在实际测量中，加速度级的数据一般不是特别准确，同时在每个关节处均配置六维力传感器的成本也较高。

（2）基于力矩的方法

基于力矩的方法是利用空间机器人逆动力学建立辨识模型，采用相同控制律分别控制实际空间机器人和仿真机器人，通过测量得到实际力矩与期望力矩之间的偏差，从而辨识各关节的动力学参数。

该方法仅需要各个关节的力矩信息，而不需要测量关节数据，这样就可以减少因测量引入的误差，辨识精度相对较高。但是该方法需要建立与实际空间机器人动力学模型、控制率相同的机器人仿真模型，计算比较复杂。

（3）动量守恒法

对于基座自由漂浮空间机器人，由于其不受外力和外力矩，系统动量守恒。

该方法通过构建空间机器人动量守恒公式，控制机器人沿某一轨迹运动，并采集各个时刻的位置、速度和关节角度、角速度，从而实现空间机器人动力学参数辨识。

该方法原理比用牛顿-欧拉法稍显复杂，但只需测量空间机器人位置级和速度级的数据，引入的测量误差较小，在一定程度上保证了测量数据的精确度，因此辨识结果更准确。

4.2　空间机器人规划

空间机器人规划是指按照空间操作任务的要求规划其运动过程。空间机器人规划可以划分为 3 个层次：任务规划、路径规划和轨迹优化。任务规划是为达到任务期望状态，推理机器人任务执行策略或动作序列，实现在多约束条件下对复杂任务的分析、拆解与规划，同时完成任务级资源的优化配置；路径规划主要负责规划机器人末端的运动路径，使机器人从给定的初始构型以一定的方式运动至期望的目标构型或目标位姿；轨迹优化是在考虑关节限位、环境障碍等各类约束条件的限制下，通过优化空间机器人运动路径，在满足运动要求的同时，实现某些性能的优化。

严格来说，“路径”和“轨迹”是不一样的，路径一般指物体所经过的所有位置点的集合，只有几何属性，与时间无关；而轨迹则指物体在运动过程中每时每刻的位置、速度和加速度，是时间的变量。但在空间应用中，某些任务对空间机械臂各运行时刻的要求并不严格，只是对某些中间节点有要求。因此，为方便阐述，本书涉及规划层面时采用“路径规划”进行表述，而涉及优化层面时则采用“轨迹优化”进行表述。

4.2.1　空间机器人任务规划

空间机器人任务规划是在考虑自身约束、环境约束和任务要求的前提下，以任务初始状态、目标状态及空间机器人可完成动作为输入，求解约束机器人任务执行策略或动作序列的过程。其中，自身约束包括空间机器人关节角速度约束、角加速度约束等；环境约束一般指障碍物约束；任务要求包括任务执行时间要求、末端行程要求、资源消耗要求等。在满足上述约束和要求的前提下，任务规划通过动作序列及任务中间点给出任务规划结果，实现空间机器人由初始状态向目标状态的转移。空间机器人任务规划流程如图 4-2 所示。

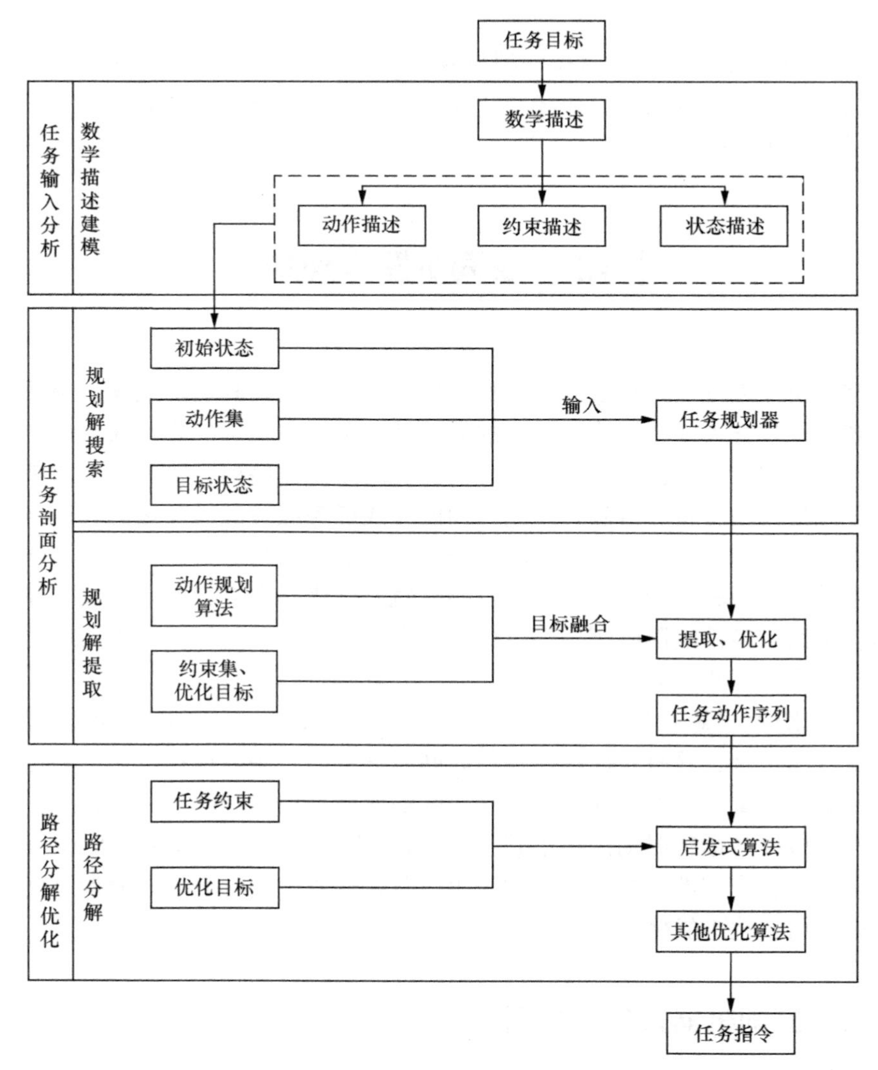

图 4-2　空间机器人任务规划流程

1. 任务规划框架

在进行空间机器人任务规划过程中，需要保证任务的逻辑可行性与执行可行性。在机器人接受任务目标后，基于其工作能力将复杂任务分解为简单原任务组合，从而确保任务的逻辑可行性；然后在考虑各类约束条件和优化指标的

基础上，将每个原任务分解为多段简单路径，确保任务的执行可行性。基于此，可将空间机器人任务规划分为 2 个阶段[40]，如图 4-3 所示。

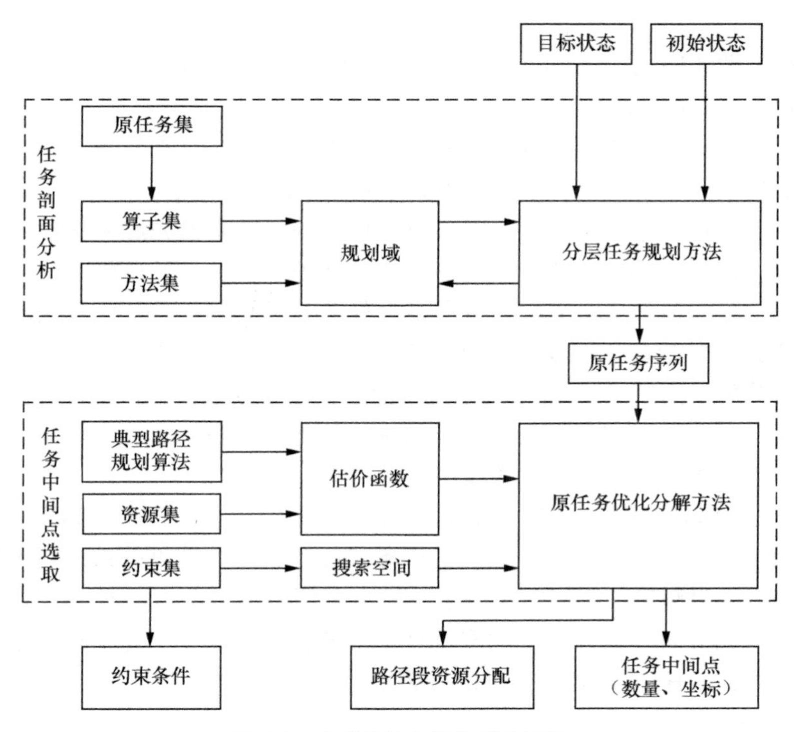

图 4-3　空间机器人任务规划框架

（1）任务剖面分析

根据任务目标表征空间机器人操作任务初始状态及目标状态，设置规划元素集合作为规划域，规划域由原任务和复合任务的分解方法构成。其中，原任务为空间机器人可以直接执行的预置基本任务，复合任务可以为多个原任务的组合，也可以为原任务组合后（第一种复合任务）再与其他原任务的组合。在给定任务目标状态和初始状态后，任务规划算法利用规划域中的方法化简任务，逐层搜索目标任务，给出可行的基本动作序列，确保任务的逻辑可行性。在将复杂任务分解为简单的原任务组合的过程中，还需考虑空间机器人的工作能力与优化目标，以满足任务需求。

（2）任务中间点选取

为满足各类约束条件和优化指标，需将每个原任务分解为多段简单路径。分解结果为可顺序达到的任务中间点序列，连接各任务中间点的路径可直接通过路径规划得到[41]。

2. 任务规划算法

任务规划算法需要对操作人员的任务指令进行理解，然后进入任务的分解过程，并对其所有的可能性进行分析，不断选择下一个可能的动作，最后形成一个较优的动作序列。在这里主要介绍分层任务网络规划以及图规划。

（1）分层任务网络规划

分层任务网络（Hierarchical Task Network，HTN）规划[42]是一种将任务分解思想应用于规划求解的自动规划方法。HTN 将任务分为原任务、目标任务、复合任务 3 类，其中原任务可以通过执行相应的动作直接完成，目标任务是在任务结束状态下，环境中实现的属性，复合任务表示一种所期望的变化，包括多个目标任务和原任务，目标任务和复合任务都是非原任务。该算法的基本思想是将任务的目标状态抽象成目标任务，任务由繁到简形成分层结构，最底层为不能再分解的原任务。HTN 规划域由原任务的“算子集”和复合任务的拆解“方法集”构成，给定目标任务和当前环境状态后，规划器利用规划域中的方法化简任务，给出可行的基本动作序列。

HTN 规划与人类思维解决规划问题的方式类似，对于每一个层次上的任务，只用考虑如何分解为下一层次的任务和任务之间的约束关系，而不用考虑目标状态，这为解决规划问题提供了一种十分便捷的方法。HTN 规划过程可以分为子任务的分解和操作算子的实例化 2 部分，由于这 2 个过程的复杂性和不唯一性，因此，HTN 规划有巨大的搜索空间。

（2）图规划

1995 年 Blum 和 Furst 提出图规划方法，第一次采用图的方式来解决规划问题，开辟了规划问题求解的新途径[43]。图规划分为图拓展与规划解提取 2 个阶段：图拓展过程是将单一任务规划结果拓展为任务动作序列集合；规划解提取过程是在图拓展的基础上，基于具体动作规划算法，求解针对不同目标的动作执行策略。在基于图规划算法提取任务规划解[44]的过程中，根据机器人具备的规划算法，进行具体化选择。在选择过程中，基于不同任务需求，需要考虑相应任务指标，如关节行程、末端距离、能量消耗等。通过设定相应的权重值，融合不同任务目标，提取任务规划解，从而实现对机器人的任务规划。

图规划算法具有简洁、易于描述、可拓展性强等优点。但是，图规划是一种非启发式搜索算法，所以面对复杂问题时，其规划效率不高。在实际工作中，通常会结合 A*算法、模拟退火算法等对图规划算法进行优化，从而提高其规划效率。

4.2.2　空间机器人路径规划

空间机器人在执行任务过程中，需要从给定的初始状态以一定运动方式运动至期望的目标状态，即需要对空间机器人进行路径规划。按照规划空间的不同，其可分为关节空间路径规划和笛卡儿空间路径规划。关节空间路径规划以关节角度的函数描述机器人的轨迹，主要实现空间机器人从初始构型到达期望构型的关节角序列规划。相比于关节空间路径规划，笛卡儿空间路径规划更为复杂，其不但要在笛卡儿空间规划机器人末端到达期望位姿，还需通过运动学逆解转换到关节空间，获得关节运行轨迹。

1. 关节空间路径规划

在机器人关节空间中进行路径规划时，关节运行轨迹需满足一定约束条件，如在各关键点（包括起始点、目标点、加/减速段过渡点）的角度、角速度和角加速度约束，以保证关节运行参数在整个任务周期内连续平滑。在满足所要求的约束条件基础上，可选取不同类型的插值函数，生成不同的关节运行轨迹。一般地，插值函数可分为梯形速度插值函数、多项式插值以及 B 样条曲线等。

（1）基于梯形速度插值函数的路径规划

梯形速度插值函数将关节运动分为匀加速、匀速和匀减速 3 个阶段。其中，初始速度为零，且加速和减速段的角加速度大小相等，方向相反。为使关节角速度平滑过渡和角加速度的连续性，避免发生突变现象，在匀加速直线段的起点和终点处各增加一段抛物线形状的过渡带（线段①和线段③），匀减速直线段也做同样处理（线段④和线段⑥），并保持对称性，如图 4-4 所示。在加速段，使关节角加速度先从零增加到最大角加速度，保持一段时间后（线段②），再从最大角加速度减小到零；在匀速段，关节角加速度保持为零，速度不变；在减速段，使关节角加速度先从零减小到最大负加速度，保持一段时间后（线段⑤），再从最大负加速度增加到零。

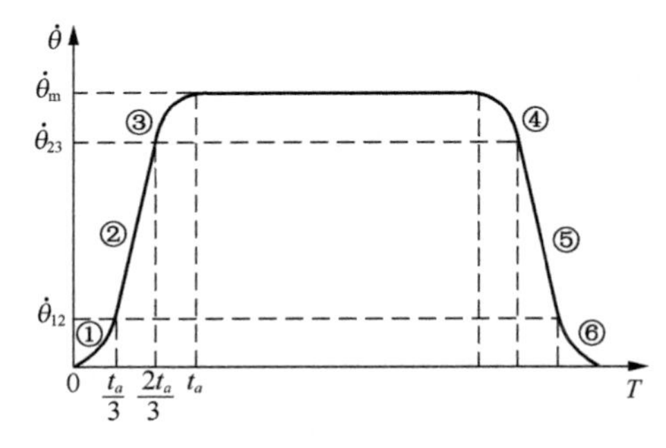

图 4-4　带抛物线过渡的速度梯形规划

（2）基于多项式插值函数的路径规划

基于多项式插值函数的路径规划是利用多项式函数来描述空间机器人关节角变化过程的，其所包含的多个系数的求解可通过路径的约束条件来确定。多项式插值函数次数的设定一般与所给定插值点约束条件的数目相匹配，以使规划的路径连续且光滑，但若给定的插值点约束条件过多，则容易使得多项式所拟合的曲线振荡。

以五次多项式插值函数为例，若起始点的关节角θ_0及目标点的关节角θ_f已知，且在起始点和目标点增加速度约束、关节角加速度约束，使得关节路径规划在数学表征上为满足 6 个约束条件的函数插值问题，可描述关节轨迹如下：

$$\theta(t) = a_0 + a_1 t + a_2 t^2 + a_3 t^3 + a_4 t^4 + a_5 t^5 \tag{4.20}$$

式中，a_0、a_1、a_2、a_3、a_4、a_5为待定系数。

由起始点和目标点处的关节角度、角速度和角加速度约束，即可求得方程中待定系数值，从而获得五次多项式插值下的关节运行轨迹函数。

（3）基于 B 样条曲线的路径规划

B 样条曲线是一种较为灵活的曲线，曲线的局部形状受相应顶点的控制。采用 B 样条曲线拟合关节运动轨迹时，通常给出的是一系列型值点而非控制点坐标[45]。故对于机器人关节空间 B 样条曲线规划而言，其型值点和控制点具有相同的形式，相邻两个型值点可用一条 B 样条曲线连接，整个轨迹由 $n-1$ 段 B 样条曲线拼接而成。

从以上 3 种关节空间路径规划方法中可以看出，关节空间路径规划计算简单，且直接规划关节的运动轨迹可避免产生奇异构型。其中，梯形速度插值函数原理较为直观，应用较为广泛；相比于梯形速度插值函数，多项式插值函数没有描述关节运动的匀速段，在实际工程应用中应慎重考虑；由于 B 样条曲线具有分段连续、能够保证机器人在特定时刻到达指定构型的优势，已广泛应用于空间机器人的路径规划中。

2. 笛卡儿空间路径规划

笛卡儿空间路径规划是指在给定空间机器人初始构型和末端目标位姿的基础上，通过规划空间机器人末端的运动实现空间机器人从起始点运动至目标点的过程。在笛卡儿空间中进行路径规划时，首先利用数学函数在笛卡儿空间中描述末端的运行轨迹，计算出末端各插值点的轨迹信息，然后通过机器人逆向运动学计算末端轨迹对应的关节角序列，从而获得关节的运行轨迹。笛卡儿空间路径规划形式多样，常用的有直线规划、圆弧规划和约束曲线规划 3 种。

（1）直线路径规划

直线路径规划使空间机器人由初始末端位姿沿直线运动至末端目标位姿，如图 4-5 所示。如果对空间机器人在运动过程中末端的速度、加速度以及冲击有连续性要求，可采用梯形、圆弧、样条曲线等形式对空间机器人末端速度进行插值。

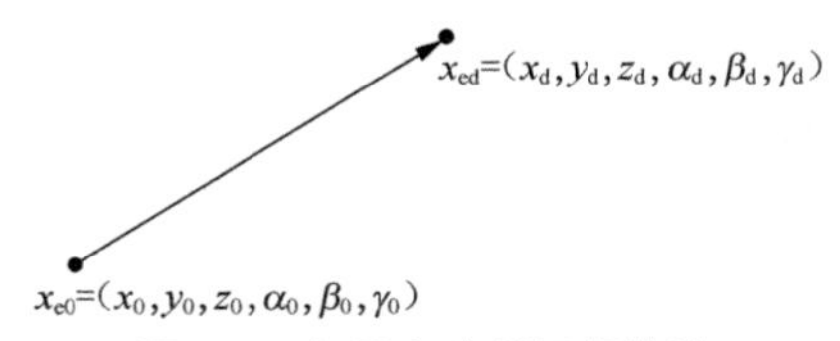

图 4-5　机器人末端运行轨迹

（2）圆弧路径规划

笛卡儿空间圆弧路径规划使空间机器人由起始末端位姿沿圆弧运动到目标末端位姿，如图 4-6 所示，其一般分 2 步处理：首先把三维问题转化为二维问题，即在圆弧平面内规划：采用不在同一直线上的任意 3 点 A、B 和 C（3 点均位于机器人工作空间内）来确定圆弧曲线。通过由该 3 点确定的圆弧，可求解规划轨迹各中间点（插补点）的位姿。

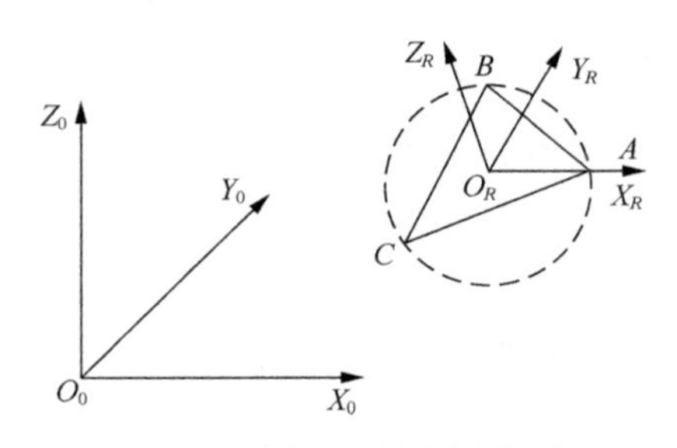

图 4-6　空间圆弧规划坐标系

然后利用二维平面插补算法，求出插补点坐标，如图 4-7 所示。

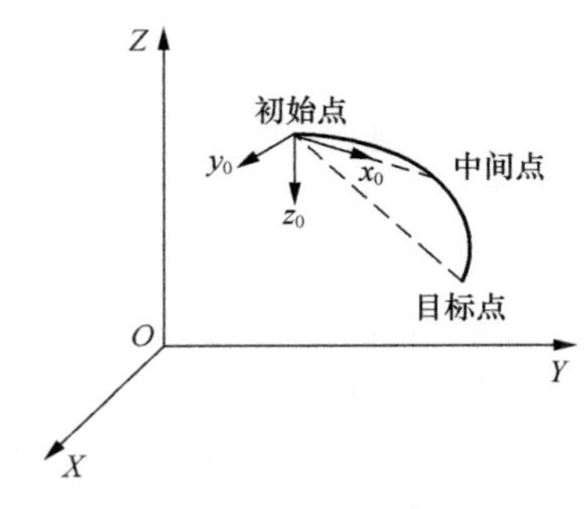

图 4-7　圆弧规划末端轨迹

（3）约束曲线路径规划

约束曲线路径规划使空间机器人由初始末端位姿沿约束曲线经过若干个轨迹中间点运动至末端目标位姿，如图 4-8 所示。该约束曲线只需满足始末点和有限个中间点的约束要求，而对于其他轨迹节点则无任何约束，可以实现空间机器人末端按照满足一定几何约束关系的曲线运动。在保证中间点平滑过渡的前提下曲线可以采用多种形式描述，因此利用该方法规划所得的空间机器人末端轨迹可以有多种。

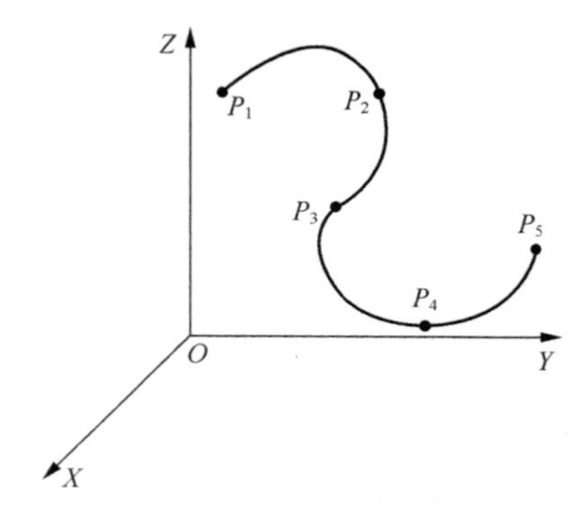

图 4-8　约束曲线规划机器人末端运行轨迹

从上述 3 种路径规划方法可看出，在笛卡儿空间内的路径规划方法概念上直观，但其规划结果需要变换为相应的关节运动，计算量比较大，且存在运动学逆解带来的无解、多解以及构型奇异等问题。

4.2.3　空间机器人轨迹优化

随着空间作业任务种类逐渐增多且日益复杂，对空间机器人执行任务的效率、能耗、安全性及稳定性等诸多方面的要求越来越高。为使空间机器人以最小的代价安全、可靠地完成操作任务，需以空间机器人路径规划为基础，在满足一定约束条件下，对空间机器人运动性能、运行时间、能耗等诸多方面指标进行优化，即进行空间机器人的轨迹优化。

1. 优化目标及约束条件

空间机器人轨迹优化的实现需要结合具体任务要求，选择合适的优化目标。根据空间机器人优化目标的特性，可大致分为考虑自身运动特性的轨迹优化目标和面向任务要求的轨迹优化目标 2 类。

（1）考虑自身运动特性的轨迹优化目标是根据空间机器人自身特性提出的优化目标，通过优化可降低这些特性带来的负面影响，从而提高空间机器人

运行的稳定性和可靠性。例如，空间机器人具有质量轻、连杆长、负载/自重比大等特点，会导致空间机器人在执行任务过程中出现连杆振动，影响其操作精度，为此可将连杆振动最小化作为目标；考虑到自由漂浮状态下的空间机器人所搭载的机械臂与基座间存在运动耦合，为降低空间机器人在执行在轨操作任务时对基座产生的扰动，提高基座所固连系统的稳定性，可将基座扰动最小化作为目标等。

（2）面向任务要求的轨迹优化目标是根据不同的操作任务特性提出的优化目标。例如，在空间机器人执行对接、捕获等任务时，为避免与被操作物发生接触碰撞过程中产生过大的碰撞力，威胁系统安全，可将碰撞力最小化作为目标。

空间机器人在执行操作任务过程中受到的约束条件可分为任务约束、环境约束、机器人自身约束 3 类。

（1）任务约束是空间机器人执行操作任务中，由任务需求所提出的约束条件。例如，执行捕获任务时，需要对机器人的运行时间、资源消耗进行约束，从而保证空间机器人在指定时间内、消耗一定的资源到达特定区域。

（2）环境约束是复杂的空间环境对机器人进行的约束，如为使其不与外界环境发生碰撞，需对空间机器人进行避障轨迹规划，从而保证空间机器人安全可靠地完成任务。

（3）自身约束是结合空间机器人自身实际情况，在空间机器人运动过程中需要满足的约束条件，如关节可达角度、角速度和角加速度范围，关节最大输出力矩，基座偏转范围，基座扰动力矩范围等，从而保证空间机器人运行的安全性和任务执行的可靠性。

2. 轨迹优化的典型应用

空间机器人执行任务过程中可优化的目标众多，主要可从 2 个角度进行轨迹优化：一是考虑空间机器人运动特性的轨迹优化，这类主要优化空间机器人自身运动学性能或运动状态，如奇异性优化、重复性运动规划、避障和非完整轨迹规划等；二是面向任务要求的空间机器人轨迹优化，这类主要针对典型操作任务，对任务要求的关键参数进行优化，实现任务执行代价最小化，如低速运动轨迹优化、负载操作轨迹优化等。其中，空间环境障碍、空间机器人构型奇异性以及非完整特性是大多数轨迹优化所关注的重点问题。以下将分别介绍这 3 类问题的典型解决方案。

（1）避障轨迹规划

避障轨迹规划是指在给定空间机器人初始构型和末端目标位姿的条件下，生成 1 条到达目标位姿的避障轨迹。空间机器人在执行操作任务过程中，由于

受到外界环境约束及自身结构限制，可能与环境物体或自身发生碰撞，导致空间机器人搭载的机械臂发生偏移、基座失稳等情况发生，严重影响空间机器人的安全运行。因此，空间机器人避障轨迹规划对操作任务的顺利完成和机器人的安全稳定运行至关重要。常用的避障方法有基于 C 空间的自由空间法[46]、人工势场法[47]、基于 A*算法的避障轨迹规划[48]方法、基于速度修正项的避障轨迹规划方法等。

（2）避奇异轨迹规划

奇异位形是空间机器人机构的固有特性，空间机器人奇异位形包括边界奇异位形和内部奇异位形 2 类。边界奇异位形出现在空间机器人末端执行器位于工作空间的边界时，该类奇异位形只需控制末端执行器远离工作空间边界即可。内部奇异位形通常是由 2 个或多个关节轴线重合造成的，在此位置上，空间机器人失去 1 个自由度，难以实现末端的期望运动，严重影响空间机器人的运动性能，因此在进行轨迹规划时必须识别和回避。在空间机器人的轨迹规划中引入避奇异算法，使其在能够完成规划运动的同时，保证末端轨迹运动精度。常用的机器人避奇异轨迹规划方法有避奇异位形规划、基于雅可比转秩求运动学近似反解、精确轨迹规划等方法[49-50]。

（3）非完整轨迹规划

非完整轨迹规划是指利用空间机器人的非完整特性进行轨迹规划的方法，常用于空间机器人构型调整和复位。空间机器人可以用 n+6 个变量描述，其中 n 个变量为空间机器人的关节角，6 个变量为基座位姿。利用动量守恒完整约束可以消去 3 个描述基座位置的变量。由此可以将具有 n+6 个变量的空间机器人转化为具有 n+3 个变量的系统。由于空间机器人基座与机械臂存在运动耦合关系[51]，基座姿态的 3 个变量可由关节角决定。因此，利用空间机器人的非完整特性，可以通过规划机器人关节运动实现机器人的关节角度与基座姿态同时达到期望值，即实现空间机器人非完整轨迹规划。在求解非完整轨迹规划问题时，常采用的方法有多项式函数参数化法、双向规划法[52]等。

4.3 空间机器人控制

空间机器人控制技术是将规划所得的期望动作作为输入信号，将各类传感器得到的自身或环境状态信息作为反馈，经控制算法计算得到机器人各执行机构（如关节电机）的控制信号，从而驱动机器人完成相应动作。控制算法是空

间机器人实现控制的核心，在空间机器人的动作执行中起到不可或缺的作用，其性能的好坏将直接影响空间机器人任务执行效果。本节将概述空间机器人涉及的几类基本控制方法，并对它们在相关典型任务中的应用进行简要介绍。

4.3.1　空间机器人的基本控制方法

当前应用于空间机器人的控制方法数不胜数，主要方法涵盖 PID 控制、自适应控制、滑模变结构控制、最优控制、智能控制等，以及它们的衍生或变体。下面首先对几类基本控制方法进行介绍。

1. PID 控制

比例-积分-微分控制（Proportional-Integral-Derivative Control，PID）是当前在各控制领域中最典型、应用最广泛的控制方法。常规 PID 控制系统结构如图 4-9 所示，这是一个典型的单位负反馈控制系统，由 PID 控制器和被控对象 2 部分组成[53]。在图 4-9 中，$\boldsymbol{x}_{\mathrm{d}}(t)$和 $\boldsymbol{x}(t)$分别表示系统在 t 时刻的期望状态向量和实际状态向量；$\boldsymbol{e}(t)$表示系统在期望状态与实际状态的偏差；$\boldsymbol{u}(t)$表示作为被控系统驱动信号的系统输入向量。PID 的其调节原理：根据系统在期望状态与实际状态构成的偏差 $\boldsymbol{e}(t)$，将偏差的比例（P）、积分（I）和微分（D）通过线性组合构成控制量，对被控对象进行控制，其控制律为：

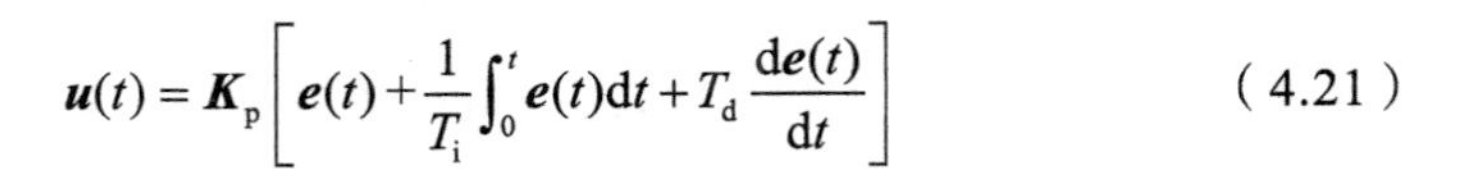

$$\boldsymbol{u}(t)=\boldsymbol{K}_{\mathrm{p}}\left[\boldsymbol{e}(t)+\frac{1}{T_{\mathrm{i}}}\int_{0}^{t}\boldsymbol{e}(t)\mathrm{d}t+T_{\mathrm{d}}\frac{\mathrm{d}\boldsymbol{e}(t)}{\mathrm{d}t}\right] \tag{4.21}$$

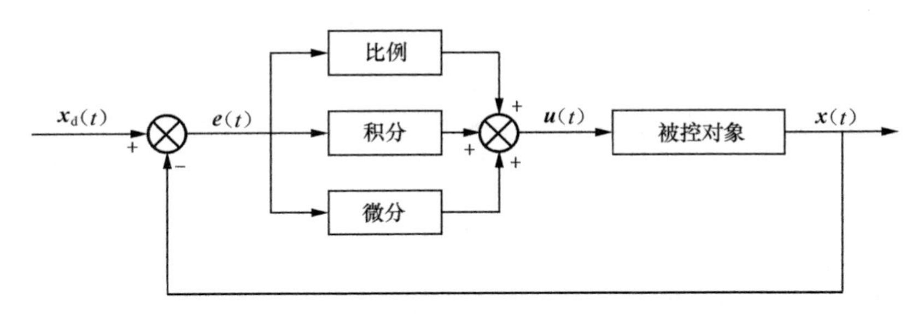

图 4-9　常规 PID 系统结构

PID 控制器各环节的作用如下。

① 比例环节：能即时成比例地反应控制系统的偏差信号 $\boldsymbol{e}(t)$，一旦偏差产生，控制器立即产生控制作用以减小误差。当偏差 $\boldsymbol{e}=\mathbf{0}$ 时，控制作用也为 $\mathbf{0}$。

② 积分环节：能对误差进行记忆，主要用于消除静态误差。积分作用的强弱取决于积分时间常数 T_{i}，T_{i} 越大，积分作用越弱，反之则越强。

③ 微分环节：能反映偏差信号的变化趋势（变化速率），T_d 表示其微分时间常数。微分环节能在偏差信号值变得过大之前，在系统中引入一个有效的早期修正信号，从而加快系统的动作速度，减小调节时间。

PID 控制器结构简单，无需考虑空间机器人的动力学特性，不依赖系统动力学方程的结构与参数，只需根据系统在实际状态和期望状态的偏差进行负反馈。但 PID 控制器忽略了系统中非线性因素的影响，因此无法实现高精度跟踪控制，难以保证受控空间机器人具有良好的动态品质等[54]。

为了弥补常规 PID 控制的缺点，进一步提高其性能，几十年来学者们提出了各种改进 PID 控制方法，如神经网络 PID、模糊 PID 以及各种 PID 参数自镇定算法等，这些改进方法目前仍活跃于各类实际应用场景中。

2. 自适应控制

自适应控制主要是针对控制过程中的不确定性，包括被控对象数学模型结构和参数不确定、外部干扰与噪声等，通过不断测量系统状态、性能、参数，对系统当前数据和期望数据进行比较，从而自主地对控制器结构、参数或控制律进行修改，使其控制信号能够适应被控对象和扰动的动态变化。考虑到空间机器人的各类参数，特别是决定其动态特性的动力学参数通常难以精确测量，而自适应控制具有对被控对象和环境扰动进行监测并自主调整的特性，因此自适应控制方法也被广泛应用于空间机器人的控制中。

自适应控制包括模型参考自适应控制和自校正控制 2 个分支。前者最早由 Whitaker 于 1958 年所提出，然后由 Parks 等人证明了其控制的稳定性[55]；后者则是由 Clark 和 Gauthrop 于 1975 年在 Astrom 的自校正调节理论的基础上提出的[56]。20 世纪 70 年代末和 80 年代初，李雅普诺夫稳定性理论和秩收敛定理在自适应控制中的成功应用，使基于稳定性分析的模型参考自适应控制系统设计得到了蓬勃发展，形成了完整的模型参考自适应理论体系和设计方法；由于秩收敛定理在研究自校正控制系统的稳定性上有独到之处，使得基于参数估计的自校正控制方法取得了突破性进展。

模型参考自适应控制利用由控制器与被控对象所组成可调系统的各种信息，测出或计算出相应性能指标，把可调系统与参考模型期望的性能指标相比较，然后通过自适应机构产生的自适应律来调节可调系统，以抵消可调系统因不确定性所造成的性能指标的偏差，最后达到使被控的可调系统获得较好性能的目的。其基本结构如图 4-10 所示。模型参考自适应控制可以处理缓慢变化的不确定性对象的控制问题，故可应用于模型参数难以精确获得的各类连续控制系统。

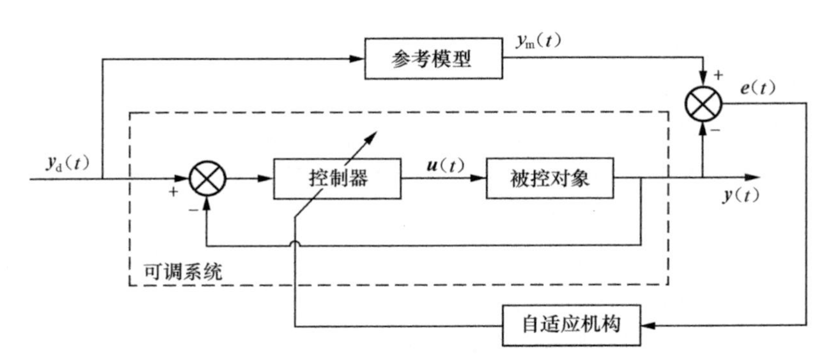

图 4-10　模型参考自适应控制基本结构

自校正控制通过设计参数辨识器，利用递推辨识算法来在线辨识被控对象的相关参数，进而对控制器参数进行在线修改。其基本结构如图 4-11 所示。自校正控制结构简单、容易实现，现已广泛用于参数可变、迟滞、或具有随机扰动的复杂系统。

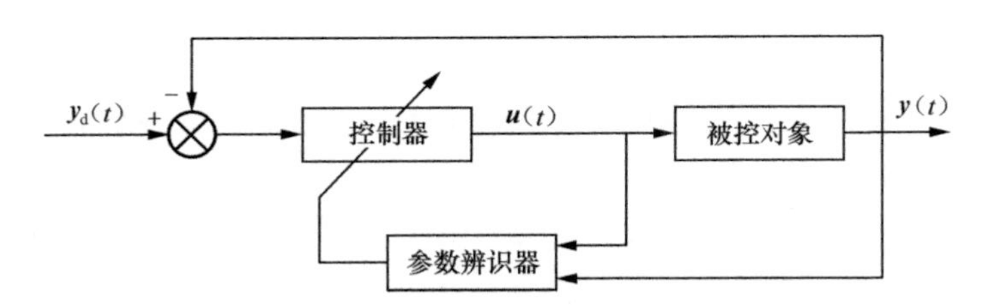

图 4-11　自校正控制基本结构

与一般的反馈控制相比，自适应控制具有以下特点：①可应用于事先无法确知的对象和时变对象；②有辨识对象和在线修改参数的能力，不仅能够消除状态扰动引起的系统误差，也可以消除系统结构扰动引起的系统误差；③控制器设计不必过于依赖数学模型，只需要较少的先验知识，就可以实现控制目标；④可以基于现有的可调系统进行构建，能够解决更复杂的控制问题。

自适应控制虽然具有很大优越性，但仍然存在部分问题：目前通常借助李雅普诺夫稳定性理论来分析自适应控制系统的稳定性，这种方法对于线性时不变系统是比较成熟的，但对于复杂非线性系统和随机系统仍然需要继续深入研究。另外，对于一些复杂系统，由于存在非线性、时变和初始条件不确定等因素的影响，自适应系统动态特性的分析仍然是比较困难的。

尽管自适应控制方法已经在机器人、工业控制等领域得到了广泛应用，但是目前学界依然在不断对其进行研究改进，通过结合神经网络、模糊逻辑、专家系统等现代智能控制技术来提高控制系统的性能品质。

3. 滑模变结构控制

滑模变结构控制起源于 20 世纪 50 年代，经过几十年的发展，现已形成了一套比较完整的理论体系，并在空间机器人等各类领域得到了广泛应用。

该方法的基本思想是根据系统状态偏离“滑动模态”（简称“滑模”）的程度来切换控制器（如控制律或控制器参数），从而使系统按照预定滑模的状态轨迹运行[57]。具体而言，首先根据系统所期望的动态特性来设计系统的切换超平面（即滑模面），通过滑模控制器使系统状态从滑模面之外向滑模面收敛。系统一旦到达滑模面，控制器将保证系统沿滑模面到达系统原点。

一般地，对于多输入的非线性系统 $\dot{\boldsymbol{x}}=\boldsymbol{f}(\boldsymbol{x},\boldsymbol{u},t)$，其中，$\boldsymbol{x}$ 表示系统状态，$\boldsymbol{u}$ 表示系统输入，t 表示时间，其相应的滑模控制器设计可分为 2 步：

① 确定切换函数 $s(\boldsymbol{x})$，从而得到滑模面 $s(\boldsymbol{x})=0$，使由其确定的滑动模态渐近稳定或有限时间内稳定，并且具有良好的动态特性。滑模面的设计方法包括极点配置、特征向量配置设计法、最优化设计方法等[58]。

② 设计控制律 $\boldsymbol{u}(\boldsymbol{x})=\begin{cases}\boldsymbol{u}^{+}(\boldsymbol{x}), & s(\boldsymbol{x})>0\\ \boldsymbol{u}^{-}(\boldsymbol{x}), & s(\boldsymbol{x})<0\end{cases}$，并且 $\boldsymbol{u}^{+}(\boldsymbol{x})\neq\boldsymbol{u}^{-}(\boldsymbol{x})$，使滑动模态存在，即在确保 $s\dot{s}\leqslant 0$ 成立的同时，能够使任意状态在有限时间内按一定要求到达滑模面。

由于系统的特性只取决于设计的滑模面，所以滑模变结构控制系统对外界噪声干扰、模型参数摄动和未建模动态特性具有很强的鲁棒性，尤其是对非线性系统具有良好的控制效果，并且算法简单、响应速度快。上述优点使得滑模变结构控制方法在机器人控制领域得到了广泛的应用，也有学者将其应用于空间机器人控制之中。

然而，滑模变结构控制方法也存在一定缺点：当状态轨迹到达滑模切换面后，难于严格沿着滑模切换面向平衡点滑动，而是在切换面两侧来回穿越，从而产生颤动，即抖振。除此之外，滑模变结构控制还需考虑靠近滑模切换面时的速度、惯性、加速度等影响系统动态特性的因素[57]。

滑模变结构控制的关键在于如何找到既具有强鲁棒性又能够消除抖振的控制策略。由于自适应、神经网络、模糊控制和滑模变结构控制之间具有很强的互补性，既可以保持系统稳定，又可以减弱抖振，同时不失强鲁棒性，因此，目前滑模变结构控制方法与各种智能控制方法相结合已逐渐成为重要的研究方向。

4. 最优控制

最优控制是指在给定的约束条件下，在实现系统从初始状态转移到目标状态的同时，使其性能指标也能达到最优值的控制方法。1948 年，Wiener 发表的专著[59]为最优控制理论的诞生奠定了基础。随后，钱学森、Bellman、Pontryagin

等人的研究极大促进了最优控制理论的发展[60]。近 20 年来，最优控制方法在工业过程控制、航天控制等方面取得了许多进展，并获得了广泛应用。

最优控制问题在数学上可以表述为：在被控对象状态方程和允许控制范围的约束下，对以系统状态和控制输入为变量的性能指标函数求取极值（极大值或极小值）[61]。即，已知被控对象的状态方程为：

$$\dot{\boldsymbol{x}} = \boldsymbol{f}(\boldsymbol{x},\boldsymbol{u},t) \tag{4.22}$$

并给定性能指标函数为：

$$J = \varphi(\boldsymbol{x}(t_{\mathrm{f}}), t_{\mathrm{f}}) + \int_{t_0}^{t_{\mathrm{f}}} F(\boldsymbol{x}(t), \dot{\boldsymbol{x}}(t), \boldsymbol{u}(t), t)\mathrm{d}t \tag{4.23}$$

式中，$\boldsymbol{x}$ 表示系统状态；$\boldsymbol{u}$ 表示系统的控制输入向量；t_0 为开始时刻；t_{f} 为结束时刻；$\varphi(\cdot)$ 和 $F(\cdot)$ 的函数内容可根据被控对象的类型或要求而定，一般为关于 $\boldsymbol{x}(t)$、$\boldsymbol{u}(t)$ 或 t 的标量函数。控制的目标是在给定系统初始状态 $\boldsymbol{x}(t_0)=\boldsymbol{x}_0$，目标状态 $\boldsymbol{x}_{\mathrm{f}}$ 的条件下，求取系统的控制输入 $\boldsymbol{u}$，使系统在该输入的作用下由初始状态 $\boldsymbol{x}_0$ 出发，在某个大于 t_0 的结束时刻 t_{f} 达到目标状态 $\boldsymbol{x}_{\mathrm{f}}$，并使其性能指标 J 达到极值。

因此可知，定义一个最优化问题需要进行 3 个步骤：①建立描述被控对象的状态方程，给出控制变量的允许取值范围；②指定控制过程的初始状态和目标状态；③规定一个评价控制过程品质优劣的性能指标。

通常，如式（4.23）所示，性能指标的好坏取决于所选择的控制输入和相应的系统状态。系统状态受到状态方程的约束，而控制输入只能在允许的范围内选取。

最优控制问题的求解方法大致可以分为以下 4 类。

（1）解析法：适用于目标函数及约束条件具有简单而明确的数学表达式的最优化问题。首先按照函数极值的必要条件用数学分析方法求出其解析解，然后按照充分条件或问题的实际物理意义间接地确定最优解。

（2）直接搜索法：适用于性能指标函数较为复杂或无明确的数学表达式，以及无法用解析法求解的最优化问题。其基本思想是，使用直接搜索的方法，经过一系列的迭代，使搜索结果逐步接近最优解。该方法又可分为：①区间消去法，又称为一维搜索法，适用于求解单变量极值问题；②爬山法，又称为多维搜索法，适用于求解多变量极值问题。

（3）梯度法：是一种解析与数值计算相结合的寻优方法。梯度法主要包括 2 类：第一类是无约束梯度法，如陡降法、拟牛顿法等；第二类是有约束梯度法，如可行方向法、梯度投影法。

（4）网络最优化方法：以网络图作为数学模型，用图论方法进行搜索的寻优方法。

随着工业自动化的不断进步，最优控制在理论和应用方面都得到了充分的发展。在理论方面，目前需要研究解决的 2 个主要问题是控制算法的鲁棒性问题，以及控制算法的简化与实用性问题。在应用方面，最优控制已经在很多领域发挥了重要作用，例如，在跟踪、调节、伺服等任务中实现时间最短、能耗最小、线性二次型指标最优等控制目标或约束，而此类目标或约束在空间机器人执行任务过程中也是经常面临的。

5. 智能控制

智能控制的思想出现于 20 世纪 60 年代，主要用于解决控制系统的随机特性问题和模型未知问题。1965 年，美国普渡大学傅京孙教授首先把人工智能的启发式推理规则用于学习控制系统；1966 年，Mendel 将人工智能方法用于飞船控制系统的设计；1967 年，Leondes 等人首次使用“智能控制”一词；1971 年，傅京孙论述了人工智能与自动控制的关系，正式确立了智能控制这一交叉学科的独立地位[62]。

发展至今，智能控制已经形成了庞大的体系，包含模糊逻辑、神经网络、专家系统、遗传算法等基本理论，以及相应的各类控制方法。在空间机器人控制领域，常见的智能控制方法有迭代学习控制、模糊控制等。

（1）迭代学习控制

迭代学习控制于 20 世纪 80 年代在日本兴起，其主要思想是：不断对一相同的轨迹进行重复的控制尝试，并利用这些尝试来不断修正控制律。1978 年，Uchiyama[63]在他的一篇关于机器人控制的论文中提出了该方法，但由于当时他使用日文发表该论文，因此并没有引起人们的重视。直到 1984 年，Arimoto 等人[64]将 Uchiyama 所提出控制方法及思想加以完善，以此建立了实用的算法，并从理论上证明了这种控制算法的可行性，这使得迭代学习控制更加的严谨正规，迭代学习控制也逐渐为人们所重视。

一般的连续控制系统可以表示为：

$$\begin{cases}\dot{\boldsymbol{x}}(t)=\boldsymbol{f}\left(\boldsymbol{x}(t),\boldsymbol{u}(t),t\right)\\ \boldsymbol{y}(t)=\boldsymbol{g}\left(\boldsymbol{x}(t),\boldsymbol{u}(t),t\right)\end{cases} \tag{4.24}$$

式中，$\boldsymbol{x}(t)$为系统的状态向量；$\boldsymbol{u}(t)$为系统的输入；$\boldsymbol{y}(t)$为系统的输出；$f(\cdot)$、$g(\cdot)$分别为反映系统状态变化特性和输出特性的向量函数。

假设系统在有限时间区间$\left[0,\ T\right]$（$T>0$）上进行重复运行，如果系统每次重复运行时，系统的向量函数 $f(\cdot)$、$g(\cdot)$ 所表示的函数关系保持不变的话，则系统的动力学特性具有可重复性。

以 $k=0,1,2,\cdots$ 表示重复操作次数，那么系统可以表示为：

$$\begin{cases}\dot{\boldsymbol{x}}_k(t)=\boldsymbol{f}\left(\boldsymbol{x}_k(t),\boldsymbol{u}_k(t),t\right)\\ \boldsymbol{y}_k(t)=\boldsymbol{g}\left(\boldsymbol{x}_k(t),\boldsymbol{u}_k(t),t\right)\end{cases} \tag{4.25}$$

式中，$\boldsymbol{x}_k$、$\boldsymbol{y}_k$ 和 $\boldsymbol{u}_k$ 分别为系统第 k 次运行的状态变量、输出变量和输入变量。在迭代学习的过程中，需要在有限时间区间 $[0,\ T]$ $(T>0)$ 上给定可达的期望输出轨迹 $\boldsymbol{y}_{\mathrm{d}}(t)$（$t\in[0,\ T]$）以及可达的期望初始状态 $\boldsymbol{x}_{\mathrm{d}}(0)$。可达期望输出轨迹是指对于以 $\boldsymbol{x}_{\mathrm{d}}(0)$ 为初始状态的被控对象，存在输入变量 $\boldsymbol{u}_{\mathrm{d}}(t)$（$t\in[0,\ T]$），使系统在其作用下能够产生与之对应的期望输出轨迹以 $\boldsymbol{y}_{\mathrm{d}}(t)$ 以及期望状态轨迹 $\boldsymbol{x}_{\mathrm{d}}(t)$。

迭代学习控制的基本结构如图 4-12 所示。系统的每次重复运行操作从 t=0 时刻的某一初始点起开始执行。算法的每次迭代开始时都必须进行初始定位操作。而系统初始点的设定须满足迭代学习控制算法的初始条件。目前，对迭代学习控制的收敛性分析中，常见的初始条件有以下 2 种[64]。

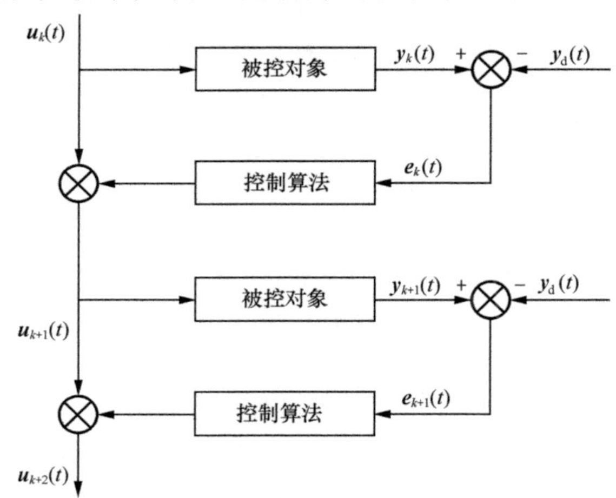

图 4-12　迭代学习控制结构

① 系统的迭代初始状态与其期望初始状态保持一致，即 $\boldsymbol{x}_k(0)=\boldsymbol{x}_{\mathrm{d}}(0)$，$k=0,1,2,\cdots$ 这种情况被称为系统的迭代初始状态是严格重复的。

② 在迭代运算中，系统的迭代初始状态是固定不变的，即 $\boldsymbol{x}_k(0)=\boldsymbol{x}^0$，$k=0,1,2,\cdots$ 其中，$\boldsymbol{x}^0$ 为给定初始状态，但与期望初始状态 $\boldsymbol{x}_{\mathrm{d}}(0)$ 不同。这种情况被称为系统的迭代初始状态是重复的。

迭代学习控制的系统输出误差定义为：

$$\boldsymbol{e}_k(t)=\boldsymbol{y}_{\mathrm{d}}(t)-\boldsymbol{y}_k(t) \tag{4.26}$$

使用第 k 次迭代的系统输入 $\boldsymbol{u}_k(t)$与系统输出误差 $\boldsymbol{e}_k(t)$以多种不同的方式构造迭代学习控制的学习律，从而产生系统下一次迭代时所需要的输入信号 $\boldsymbol{u}_{k+1}(t)$，则学习律可以表示为式（4.27）的形式，其中$\boldsymbol{\phi}$（$\boldsymbol{e}_k(\boldsymbol{t}), \boldsymbol{t}$）表示第 k 次迭代时获得的有效信息。

$$\boldsymbol{u}_{k+1}(t)=\boldsymbol{u}_k(t)+\boldsymbol{\phi}(\boldsymbol{e}_k(t),t) \tag{4.27}$$

迭代学习控制适合于具有重复运行特性的系统，能以非常简单的方式处理不确定度较高的动态系统，且仅需较少的先验知识和计算量，同时适应性强，易于实现；更重要的是，它不依赖于动态系统的精确数学模型，是一种以迭代产生优化输入信号，使系统输出尽可能逼近理想值的算法。它的研究对解决具有非线性和复杂性难建模特性的机器人高精度轨迹控制问题有着非常重要的意义。

（2）模糊控制

模糊控制是在模糊集合论、模糊语言变量及模糊逻辑推理基础上形成的一种控制方法，它将实际操作经验通过模糊集理论中的模糊语言表达出来，然后利用模糊数学规则对系统的一些变量进行控制。模糊控制是一种非线性控制方法，与传统方法相比，更加适用于复杂的、动态的系统。1973 年，模糊逻辑被应用于控制领域；1974 年，Mamdani 成功将模糊控制应用于锅炉和蒸汽机的控制。随后，模糊控制不断发展并在许多领域中得到成功应用；20 世纪 90 年代以来，模糊控制的研究取得了突出的进展，包括模糊系统的万能逼近特性，模糊状态方程及稳定性分析等。模糊控制在理论上突飞猛进的同时，也越来越多地应用于实际控制问题之中[65]。

模糊控制器结构如图 4-13 所示，控制器包括模糊化接口、规则库、模糊推理、清晰化接口等部分，其核心部分为包含语言规则的规则库和模糊推理。其中，模糊推理是一种模糊变换，其根据规则库规定的若干变换规则，将输入变量模糊集变换为输出变量的模糊集。计算机通过采样获取被控制量的实际值，并将该实际值与期望值进行比较，得到误差信号 e（其为确定数值的清晰量）；然后，对误差信号 e 进行模糊化处理，使用模糊语言变量 E 来描述偏差；再由 E 和模糊关系根据推理的合成规则进行模糊决策，得到模糊控制量 U。由于输出 U 是模糊量，在控制过程中，U 需要转化为清晰量，因此要进行清晰化（即去模糊化）处理，得到可作为被控对象可接受的控制信号确定值μ；最后，使用控制信号μ驱动被控对象执行相应动作。

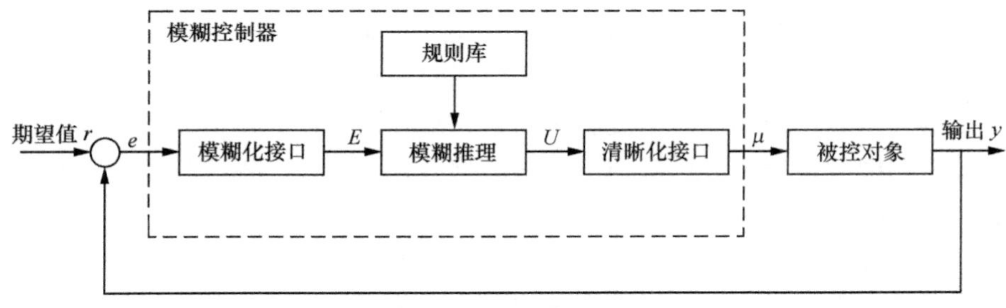

图 4-13　模糊控制器结构

模糊控制具有如下特点：①控制系统的设计不需要被控对象的精确数学模型，只需要提供现场操作人员的经验知识及操作数据；②控制系统的鲁棒性强，适用于解决常规控制难以解决的非线性、时变及大滞后等问题；③以语言变量代替常规的数学变量，易于构建规则库；④控制系统采用“不精确推理”。推理过程模仿人的思维过程。由于引入了人的经验，因而能够处理复杂甚至“病态”系统。然而，由于模糊控制的“不精确推理”特性，其将控制信息进行简单的模糊处理，可能导致系统的控制精度降低和动态品质变差[66]。

尽管模糊控制理论已经取得了可喜的进展，但与常规控制理论相比仍不成熟。模糊控制系统的分析和设计尚未建立起有效的方法，在很多场合下仍然需要依靠经验和试凑，因此在实际应用中更多地作为常规控制器的补充模块，以弥补复杂系统中的非线性、难建模因素带来的影响。

4.3.2　空间机器人的典型控制技术

空间机器人是一类典型的非线性、强耦合多体系统，其对控制方法的稳定性、精确性有较高的要求。同时，空间机器人在不同应用场景、不同任务背景下的需求、指标、约束也各有不同。例如，空间机器人在不同应用场景下可能承受不同的重力；特别是，对于自由漂浮或自由飞行空间机器人，由于其基座不固定，驱动机器人关节运动会使基座产生耦合运动，这也是与地面机器人的控制相比需要着重考虑和解决的因素。因此，相关学者结合前述基本控制方法，提出了各类专门应用于某一特定场景或任务的空间机器人控制技术。本节将介绍这些典型控制技术以及它们所涉及的理论方法。

1. 空间机器人关节伺服控制

对于空间机器人这类依靠多个驱动关节进行任务操作的机电系统，关节伺服控制是实现其运动控制的基本手段。关节伺服控制的被控量为关节位置、速度、加速度和力矩等，空间机器人利用传感器获得关节实际状态信息，通过与

输入的期望目标比较得到误差信息，经处理后驱动关节电机来实时调整电机状态，从而实现对关节期望位置、力矩等目标的跟踪。为实现高精度跟踪，需要全面了解关节结构及其控制精度影响因素，准确建立考虑影响因素数学特性的关节动力学模型，进而通过辨识与补偿影响因素，并设计相应的关节控制器，保证伺服控制系统的良好性能。

在实际应用中，完整、精确的关节动力学模型是难以直接获取的，其一般会受到摩擦与迟滞这 2 种非线性因素的影响。关节摩擦具有强非线性特性，会对伺服系统的控制精度与控制效果产生严重影响。关节摩擦十分复杂，且种类繁多，不同种类的摩擦特性也不同，典型的有黏滞摩擦、库伦摩擦和斯特里贝克摩擦等，选取合适的摩擦模型，并针对其进行有效的辨识与补偿，可以大大提高关节的控制精度。关节迟滞是存在于伺服系统中的一种强非线性现象，具有非光滑、多值映射等特点，不但会降低系统控制的精度，还可能导致系统发散。合理选择迟滞模型并进行正确的参数辨识，可以大大提高系统的抗干扰能力。

通过引入摩擦和迟滞非线性因素，可准确建立空间机器人关节动力学模型。进而，可以设计相应的控制器来实现对关节的跟踪控制。对于精准的关节模型，采用相对简单的控制方法（如 PID 控制、滑模控制、自适应控制等）就能取得较好的控制效果。但对于不是特别精确的关节模型，要想取得良好的控制效果，需对关节的控制算法提出更高要求，使控制器具有更强的适应性和鲁棒性，以保证关节的运动控制性能。为此，学者一般会依据实际情况，将模糊控制、神经网络控制、学习控制等智能方法与传统方法相结合，避免传统方法需要依赖控制对象精确数学模型的缺陷，最终实现关节高精度伺服控制。

2. 空间机器人轨迹跟踪控制

在空间机器人执行空间目标转移、追踪等任务过程中，需要驱动空间机器人按照规划所得的期望轨迹进行运动，进而在指定的位姿执行相应操作。控制空间机器人遵循期望轨迹进行运动称为空间机器人轨迹跟踪控制，其是使空间机器人实现复杂操作任务的基础性技术之一。应用于空间机器人轨迹跟踪的控制方法通常有 PID 控制、计算力矩控制、自适应控制等。

PID 控制无需建立空间机器人的数学模型，计算简单，参数易于调节，既可用于笛卡儿空间轨迹跟踪，也可用于关节空间轨迹跟踪；但控制效果强烈依赖于 PID 参数的设置，当空间机器人结构复杂（如具有高冗余自由度），或其动态特性发生改变时，难以寻找到合适的 PID 参数，从而造成控制精度的下降，鲁棒性较差。

计算力矩控制利用空间机器人动力学模型，在控制回路中引入非线性补

偿，使复杂的非线性强耦合系统实现近似全局线性化解耦。该方法是典型的考虑空间机器人动力学模型的动态控制方案，其控制量的确定以及控制目标的实现主要依赖于精确的动力学模型。但由于测量技术水平的限制，很难预先获得精确的模型，并且由于摩擦干扰等不确定因素的影响，以及空间机器人所处的特殊环境（如燃料的消耗），会造成系统参数发生变化，这些均对计算力矩控制法的应用构成了很大挑战。

自适应控制可以在环境变化时，通过自主调整相关参数来适应新的环境，或进行在线学习不确定参数以实现期望的控制目标，因此在空间机器人领域得到了一定应用。Walker[67]、Xu[68]等较早使用自适应控制进行空间机器人轨迹跟踪，但他们所提的方法主要是针对基座姿态可控的空间机器人。Shin[69]、Parlaktuna[70]、Gu[71]等提出了改进的自适应控制方法，并将其应用于具有更强耦合性的基座姿态不可控和基座自由漂浮空间机器人。这些自适应控制策略虽然能够对参数不确定性进行辨识，通过实时修正控制规则来适应参数模型的不确定性，但对于空间机器人存在的外部扰动、摩擦等非参数不确定性，单纯的自适应控制器难以保证系统的稳定性，因此将自适应控制与其他先进的控制策略结合，发挥各自的优越性以进一步提高控制系统鲁棒性，逐渐成为空间机器人轨迹跟踪的重点研究方向。

3. 空间机器人柔顺控制

在机器人执行任务过程中，若机器人具备对外界环境作用力、干扰力产生自然顺应的特性，则称这种特性为机器人的柔顺性。空间机器人具备柔顺性可使其在与目标或障碍发生接触时顺应其运动趋势，从而控制碰撞力，保护自身不受损伤。因此柔顺性对于空间机器人而言是应具备的重要特性之一。

按照柔顺性来源的不同，可将其分为被动柔顺性与主动柔顺性。被动柔顺性是借助一定的柔顺机构，使机器人在与外界环境接触时，通过柔顺机构的特殊结构对接触作用力产生自然顺从，主动柔顺性则是机器人根据力传感器的反馈信息，采用一定的控制策略，主动地对接触力进行控制。使机器人具备主动柔顺性的控制方法称为柔顺控制方法。对于空间机器人，应用较广的控制方法主要有力/位混合控制和阻抗控制。

力/位混合控制由 Raibert 等人于 1981 年提出，是较早实现机器人对外界环境作用力顺应响应的方法[72]。其基本思想是通过雅可比矩阵将末端的力和位置分配到各个关节上，使机器人系统在部分自由度上采用力控制，其余自由度采用位置控制，以实现综合控制的目标。然而，力/位混合控制需要准确的环境状态信息，在环境未知的情况下难以确定控制矩阵参数，因此该方法在实际应用中具有一定的局限性。

Hogan 于 1984 年提出的阻抗控制是目前较流行的机器人柔顺控制方法[73]。阻抗控制使用质量-阻尼-弹簧二阶系统来描述机器人末端接触力与其运动状态之间的动态关系，即建立末端接触力与末端位置偏差之间的二阶微分方程，以此作为控制输出的依据。与力/位混合控制相比，阻抗控制对模型参数误差不敏感，对接触力扰动具有较好的鲁棒性，是空间机器人柔顺控制的主流方法[74-75]。

4. 空间机器人接触碰撞控制

通常空间机器人执行目标对接、捕获等任务时，其目标物具有较大的质量和惯量，为避免机械臂与目标物发生较剧烈的碰撞，损坏软硬件系统，需要对接触碰撞力进行控制。

一般来说，接触碰撞控制包含 3 部分内容[76]：接触碰撞机理分析、碰撞动力学分析和接触碰撞控制策略设计。接触碰撞机理分析是指建立接触碰撞现象的数学模型，并分析空间机器人与物体发生接触碰撞的过程可对二者产生何种形式的外部激励，即碰撞发生后产生的接触力；碰撞动力学分析是指在空间特殊环境下空间机器人在受到接触碰撞激励后将如何响应，即在动力学模型的基础上，考虑外界碰撞力的作用，推导出基座和机械臂各关节的速度变化、承受力矩变化与碰撞力的关系；接触碰撞控制策略设计则是在上述两点基础上，设计相应的控制策略，使空间机器人与物体接触的碰撞力得到减小，或在使碰撞力减小的同时实现诸如消除基座扰动等其他目标。

对于接触碰撞控制策略设计，现有研究主要从以下 2 个方面进行考虑。

① 在发生接触碰撞前，将其视为使碰撞力最小或相关性能指标最佳的优化问题进行解决。例如，Yoshida 等人[77]和 Huang 等人[78]分别利用零反作用空间方法和遗传算法，寻找使捕获任务过程中碰撞冲击最小的机械臂构型。

② 考虑到空间机器人的动态特性，在接触碰撞过程中或碰撞后，从实时控制的角度出发，引入相应的控制方法实现碰撞力最小等控制目标。例如，Lin 等人[79]结合空间机器人增广运动与阻抗控制，减小了碰撞力和碰撞脉冲对末端位姿的影响；Nguyen-Huynh 等人[80]和 Dong 等人[81]分别提出了一种解决接触碰撞对空间机器人基座扰动问题的自适应控制算法。

尽管空间机器人接触碰撞控制的研究已产生了大量成果，然而提出的大多数方法仍然依赖于空间机器人自身和接触物体的先验信息，因此仅适用于已知环境下的接触碰撞控制。对于未知环境下的接触碰撞问题（如非合作目标捕获），现有控制方法在自适应能力方面仍然存在较大局限性，有待于更加深入的研究。

5. 空间机器人振动抑制控制

出于减小空间机器人质量以降低发射成本和运行能耗的考虑，通常会选择轻质材料作为空间机器人主要结构的材料。由于结构材料刚度较低、关节齿轮

存在间隙等因素，空间机器人在运动过程中受到碰撞后会产生振动，这会对后续任务的执行带来很大影响，严重情况下甚至可能造成硬件损坏。因此，在空间机器人执行任务过程中需要进行振动抑制。

按照抑振方式的不同，通常可将振动抑制分为被动抑制和主动抑制 2 类。被动抑制通常是通过选用各种耗能或储能材料来设计机器人的结构，从而达到降低弹性变形、控制结构振动的效果。这种方法操作简单、经济可靠、便于实现，在航空航天领域中得到了广泛应用。但是减振效果取决于所设计的减振结构，并且难以适用于需要不同动态响应特性的任务，灵活性较差。主动抑制则是通过驱动器（如机械臂关节电机、基座姿轨控系统等）产生作用力来达到抵消或减弱结构振动的效果，即利用传感器实时采集机器人的相关运动信号，将采集到的信号输送到控制器中进行计算，并输出驱动器可接收的控制信号，从而对机器人额外施加力或力矩以控制机器人的振动幅值，因此又称该抑振方式为振动抑制控制。

在空间机器人领域中，振动抑制控制的研究涵盖了 PID 控制、模糊控制、最优控制、自适应控制等各类基本控制理论方法。按照任务执行阶段的不同，又可细分为任务执行过程中的振动抑制和任务结束后的残余振动抑制。前者通常与空间机器人的轨迹跟踪或接触碰撞控制问题结合在一起，形成包含振动状态与位置控制精度、力控制精度为控制目标或约束条件的优化控制问题[82]；后者则通常应用于空间目标捕获任务中，作为捕获后稳定控制阶段的控制目标之一[83-84]。

虽然空间机器人的振动抑制控制问题在几十年来的研究中取得了若干令人瞩目的成果，但仍然存在许多尚未解决的难题。例如，如何提高控制器的计算效率以确保控制的实时性等[85]。

6. 空间机器人遥操作控制

随着天地遥操作空间在轨维护、空间站遥科学远程操作等任务需求的提出，空间遥操作机器人控制成为学者关注的重点，而各类遥操作系统也渐渐走向应用。围绕遥操作系统的稳定性、透明性及可使用性问题[86]，不少学者提出了相应的解决方法，如双边遥操作控制、基于模型中介的遥操作控制、四通道控制、遥阻抗控制等。

（1）双边遥操作控制

双边遥操作控制是指通过在主端给定输入，使从端机器人跟随主端进行运动，同时将从端机器人与环境的交互信息反馈至主端，主端根据反馈信息进行控制策略调整。双边遥操作控制在当前遥操作系统中应用最为广泛，其不需要预测从端机器人的运动，具有对非结构化的未知环境适应性高等特点[86]。在具

有力觉临场感的双边遥操作控制系统中，操作者可以根据反馈回主端的从端机器人与环境的接触力信息，决定下一步动作。相比于预测控制的超大时延和遥编程控制的较大自主性，双边遥操作控制的优点在于既能增加人与机器的耦合度，也能避免各类突发情况下造成的问题。因此，双边遥操作控制对零部件的回收与更换、空间机构装配等作业任务具有重大意义。

（2）基于模型中介的遥操作控制

基于模型中介的遥操作指根据从端环境反馈信息，在主端建立相应的环境几何模型和动力学模型，进而在主端直接与虚拟模型进行交互[87]。在基于模型中介的遥操作控制技术中，如何建立环境模型并更新是保证遥操作控制性能、保证系统稳定性的关键。建立环境模型的方法一般有 K 模型法、Kelvin-Voigt 模型法和 Hunt-Crossley 模型法等。但需要注意的是，由于模型误差以及主从时延的存在，直接将从端环境模型的参数传入主端操作模型，会导致操作者体验的不连续，严重时会影响系统的稳定。为此，一般会采用模型更新算法来控制模型参数的在线滚动误差修正，以平滑处理主端的突变力，提升操作者的体验，保障系统的稳定性。现有的模型更新算法主要包括无源性算法、渐进更新算法和基于渲染力调节的模型更新算法等。基于模型中介的遥操作控制把主从端的传输时延排除在外，其对于大时延情况下的遥操作适应能力较好，可以用于诸如月球等遥操作场景。

（3）四通道控制

1993 年，Lawrence 提出了四通道控制方法[88]，他将机器人的力和速度作为控制信号进行主从双向相互传递，并用奈奎斯特方法对闭环系统的鲁棒性进行了分析，首次揭示了稳定性与透明性之间所存在的冲突问题。其结构如图 4-14 所示。

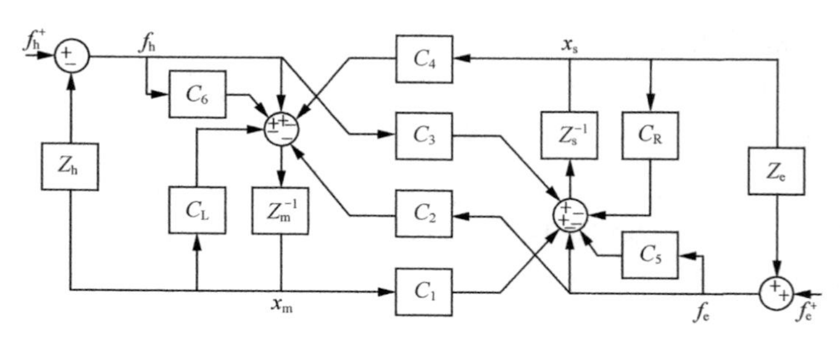

图 4-14 四通道控制结构

在图 4-14 中，补偿器 C_5 和 C_6 分别为从端机器人和主端机器人的局部力反馈，该结构通过选择合适的控制器 $C_1 \sim C_6$ 可以获得理想透明性条件。在无时延的情况下，具有额外控制参数的四通道方法是实现遥操作系统透明性的

最佳架构。

（4）遥阻抗控制

2012 年，Ajoudani 等人[89]提出了遥阻抗控制方法，该方法随主端操作者位置轨迹测量其端点阻抗，并将之实时前馈至从端作为从端的参考输入，适用于与非结构化环境的交互遥操作。但是，主端操作者指令产生的端点低阻抗值将会增加从端机器人对环境约束的自适应性。后来，该方法被进一步优化改进，将测量的人手阻抗输入主端的导纳控制器中，以生成主端的操作速度指令，同时利用时域无源性方法来确保系统对时延的稳定性。

空间机器人遥操作控制技术在近十多年来的研究中取得了很多重要进展，并且在若干空间工程中得了初步应用。但面向未来更加复杂、更加精细的太空任务，空间遥操作控制技术仍然面临许多需要解决的难题，例如，如何提高在外界干扰、系统模型不确定、未知非结构环境的情况下遥操作系统的控制性能，多边遥操作的协调控制性能等问题。这些问题也将成为后续深入研究空间机器人遥操作控制的挑战和机遇。

本节简要介绍了空间机器人涉及的几类基本控制方法和典型控制技术。但是需要指出的是，限于目前航天发射和在轨维护仍然是一项高成本活动，在现有的空间机器人控制方法当中，只有少数进行了在轨验证，并应用于实际任务的执行过程，而大多数仍处于理论研究、计算机仿真或地面试验阶段。

4.4 空间机器人环境感知与人机交互

随着人类探索空间和地外星体活动频率的增加，空间机器人需要执行的操作任务的复杂程度逐渐提升，对空间机器人的操作难度也随之提升。为高效完成复杂操作任务，需要增强空间机器人执行任务过程的决策能力：一方面可以通过提升空间机器人智能环境感知能力，获取更丰富的信息指导决策；另一方面可以使空间机器人具备友好的交互能力，使操作者通过最直观的方式操作空间机器人，借助人的智能进行决策并完成复杂任务。因此，本节将分别从空间机器人环境感知和空间机器人人机交互 2 个角度介绍相关技术。

4.4.1 空间机器人环境感知

空间机器人环境感知指空间机器人通过各类传感器获取自身和工作环境

的测量数据，进而通过处理测量数据实现对空间机器人及环境的建模和分析，最终使空间机器人能够判断自身工况、识别目标状态和环境约束，为规划和控制提供必要的输入参数和约束条件。目前在空间机器人领域应用较多的环境感知包括视觉感知和触觉/力觉感知，以下将从这 2 个方面展开介绍。

1. 视觉感知

视觉是人类最重要的感觉之一，人类通过眼睛观察物体的颜色、形状和空间关系以理解外部环境。空间机器人通过相机等硬件模拟人类视觉功能，获得外部图像信息并加以处理，可以辅助机器人检测、识别、估计物体的位置和姿态，为空间机器人的运动控制提供反馈。

各类视觉感知方法都必须以可靠的相机成像模型为基础，最常用的相机成像模型是针孔成像模型，也称小孔成像模型，其假设物体表面的反射光或者发射光都经过一个“针孔”而投影在像平面上[90]，如图 4-15 所示。

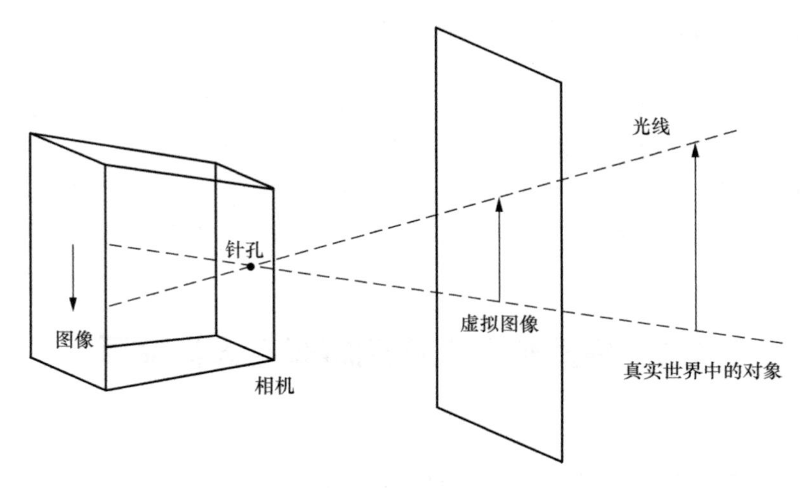

图 4-15　针孔成像模型

然而由于镜头设计非常复杂，加工水平有限，实际的成像系统不可能严格地满足针孔成像模型的线性关系，会存在图像畸变。畸变属于成像的几何失真，是焦平面上不同区域对图像的放大率不同形成的画面扭曲变形的现象，这种变形的程度从画面中心至画面边缘依次递增，主要在画面边缘反映比较明显。为了避免畸变对物体视觉测量和识别的影响，通常需要求得畸变参数后对图像进行矫正。

基于成像模型，可以利用图像数据进行多种处理和计算，在空间机器人领域应用较为广泛的有视觉测量和目标检测。视觉测量通过把图像作为检测和传递信息的手段或载体加以利用，从图像中提取有用的信号从而计算所需的参数。目标检测通过对图像颜色、纹理、边缘信息等进行编码，并设计相应的算法实

现目标物体的检索和定位。一般来说，视觉测量可直接用于空间机器人对合作目标的位姿测量。而对于非合作目标，则需要通过目标检测手段提取纹理、形状等特征，从而根据这些特征计算目标位姿。

当空间机器人操作的目标上安装有可用于辅助测量的靶标或反射器等标志器时，称为合作目标。在视觉测量方法中，视觉传感器通过识别标志器获得机器人末端执行器与操作对象间的相对位姿，作为规划与控制的输入。该类方法目前十分成熟，并已成功应用于 SSRMS、“好奇号”火星车等空间机器人中。图 4-16 和图 4-17 所示分别为国际空间站表面的黑白圆形视觉标志器和“好奇号”火星车车体表面的基准靶标。

图 4-16　国际空间站表面黑白圆形视觉标志器

图 4-17　“好奇号”火星车车体表面基准靶标

利用靶标进行视觉测量的关键步骤是利用特征点间的约束关系以及它们和相机的空间配置关系，求得空间特征点到相机光心的距离。这一距离求解问题可以归结为给定 n 个特征点的相对空间位置以及它们与相机光心连线所形成的夹角，求出各特征点到光心的距离，即是一个多点透视（Perspective-n-Point，PnP）问题[91]。由于光标点数目的增加会导致算法更加复杂，故对 P3P 和 P4P

问题的研究是主要研究方向。以基于 P3P 方法实现单目视觉位姿测量为例，其算法步骤如下。

① 求 3 个特征点两两间的实际距离（根据已知各特征点的物体坐标）。

② 通过相机标定矩阵的分解求出相机光心的三维坐标。

③ 计算光心到 3 个特征点的单位向量。

④ 计算光心到 3 个特征点的距离。

⑤ 求出 3 个特征点的空间坐标。

⑥ 用坐标点构造 2 个坐标系下的向量矩阵，用于计算旋转矩阵，并根据旋转矩阵计算对应的旋转角。

⑦ 用特征点的坐标和旋转矩阵计算平移向量。

当空间机器人操作的目标上未安装用于辅助测量的靶标或反射器等标志器时，称为非合作目标。对于该类目标，无法简单通过视觉测量手段获取位姿信息，而是通过目标检测对目标特征进行识别，从而基于特征计算目标位姿。根据目标已知信息的丰富程度，目标检测采用的方法大体可以分为以下几类。

① 当操作目标的几何和结构特征参数已知的情况下，可以利用目标自身的结构信息，将目标模型简化为可观测特征的点模型，进而利用基于点特征的视觉测量技术实现位姿测量。

② 如果目标的几何和结构特征参数未知，无法事先将目标模型转化为点模型时，可以采用尺度不变特征变换（Scale Invariant Feature Transform，SIFT）等提取目标图像特征[92]，然后利用三维重建技术建立目标模型的三维特征点库，如图 4-18 所示。除了特征点，边缘、轮廓等也是图像中的重要特征信息。提取非合作目标图像的边缘特征，并将边缘特征与非合作目标三维模型在二维平面上的投影边缘进行匹配，然后通过位姿非线性优化算法可求解非合作目标位姿参数[93]。

图 4-18 SIFT 特征点匹配

③ 如果没有目标模型，则可以通过目标上的 1 个或多个特征作为识别对

象。以非合作航天器为例，太阳能帆板及支架、有效载荷连接件、通信天线背板、星箭对接环和远地点发动机喷嘴等都可以作为识别对象。由于这些识别对象往往为规则的矩形或圆形，通过边缘检测[94]提取图像中的线条与实际形状进行对比，就可解算出目标当前的位姿。

2. 触觉/力觉感知

触觉/力觉感知是空间机器人获取环境信息的另一种重要感知形式，是空间机器人与环境直接作用的必要交互方式之一。触觉/力觉感知可直接检测和识别对象和环境的多种性质特征，如对象的状态或物理性质，因而被广泛应用于空间在轨装配、空间载荷试验或空间目标抓捕等接触作业任务中。

（1）触觉感知

触觉感知通常用于获取空间机器人末端执行器与环境相互作用的信息，所用的传感器主要包含压阻式、压电式、光电式、电容式、电磁式、光纤式等几类，近年来以柔性化、轻量化、可扩展、多功能的电子触觉皮肤为代表的新型柔性触觉触感器成为当前研究的热点[95]。

触觉感知信号可以用于目标识别、检测、探测和操作控制等场合。触觉信号通常由多个传感器组成的触觉阵列采集得到，将采集到的传感数据进行预处理，生成每一采样时刻的触觉矩阵或二维热图，从而得到接触物的外形轮廓和接触面压力分布。根据矩阵数值或热图颜色在时间序列上的变化情况，可以计算接触力分布变化情况。抓取过程的接触力信息在灵巧手、抓取工具等机器人末端执行器中起到了重要的作用，通过配置微型力传感器或触觉阵列可有效提高抓取的可靠性，或通过多点力的测量的方式可实现目标刚度、几何特征的测量。目前，应用在空间机器人的主要有 ROTEX 手爪触觉阵列及 Robonaut 2 五指灵巧手手指表面配置的微型六维力传感器[96]。

（2）力觉感知

机器人力觉感知主要用来检测机器人手臂和手腕对操作对象施加的作用力大小，或是其所受反作用力的大小。机器人力觉传感器根据安装位置的不同，主要分为基座力传感器、关节力／力矩传感器、腕部和手指力传感器[97]。

力觉感知信号主要应用在机器人与人、机器人与环境的交互场景中。力觉信号可以用于检测机器人与人的碰撞力、保障人的安全，辅助机器人控制对环境输出力实现主动柔顺，还可以通过拖动示教或示教盒示教采集机器人在示教模式下操作物体过程中的力和力矩数据，进而利用采集到的数据引导机器人执行操作任务。目前应用在空间机器人的主要有“好奇号”火星车机械臂的三轴力传感器，SSRMS、Robonaut 2 的六维力传感器[98]。

4.4.2 空间机器人人机交互

空间机器人在执行操作任务时往往依赖遥操作，由于天地大时延等因素的影响，其交互操作的难度较大。如何减小操纵机器人的复杂度，让操作人员自如地控制机器人，是人机交互领域中一个重要的问题。目前人机对话和力觉临场感 2 项技术的研究较为广泛，以下将从这 2 个方面展开介绍。

1. 人机对话

人机对话的目的是使机器人能听懂、理解人类语言的含义，并转化为实际的动作以执行任务。

根据人机对话的任务导向不同，可将人机对话分为任务导向的人机对话和非任务导向的人机对话[99]。任务导向的人机对话通常具有明确的对话状态或者逻辑，根据其功能通常由自然语言理解、对话状态追踪、对话策略学习和自然语言生成 4 个部分构成[100],在具体的实现上通常是针对某一特定模块采用基于规则的人工设计方式或者基于数据驱动的模型方式；非任务导向人机对话也称为开放领域人机对话，其目的是尽可能让用户维持对话，通常情况下用于在开放的领域与人交谈，目前其主要通过生成方法和基于检索的方法来实现[101]。

人机对话的优势在于语音与其他交流手段相比更加自然，并且其认知负荷较低，且语音对物理空间资源占用比较少，适合在不能有效利用视觉通道传递信息的场合。但是，由于语言个性化及上下文省略带来的语义二义性等因素，机器人应答词不达意，致使用户困惑，无法完成对话的情况比较常见。为此，有些学者引入了基于对话的交互学习机制，让机器人在人机对话中学习[102]，不断提升识别成功率。

随着人机对话技术的发展，有些学者认为：除语音之外，表情、姿态、行为等信息也可以为人机对话的顺利进行提供重要的输入信息，从而提出了多通道信息融合的人机对话技术。在面部特征跟踪、表情识别、头姿和手势识别、副语言或情感语音识别的基础上，进行多通道信息分析、融合以及以此为基础的虚拟人表现方法成为减少识别错误、提高人机对话准确性的重要途径。

2. 力觉临场感

力觉临场感指远端机器人实时检测力觉信息并反馈到本地，利用计算机和各种感受作用装置生成关于远地真实环境映射的虚拟环境，从而以自然和真实的方式将力觉信息直接反馈给操作者，使操作者产生身临其境的感受，从而有效地感知环境并控制机器人完成复杂任务，极大地改善机器人的作业能力[103]。

力反馈装置主要有力反馈数据手套、手控器、操纵杆等。其中，手控器是最常用的力反馈人机感知接口装置，它可以跟踪测量操作者手臂运动，将对人手的测量结果作为机器人的运动控制指令，并对操作者手部产生和机器人与环

境之间作用力成比例的力。

时延问题是力觉临场感遥操作机器人控制所面临的最主要问题，目前解决的思路主要有采用虚拟预测环境建模技术克服大时延的影响、通过控制算法实现遥操作系统的稳定性与可操作性。

虚拟预测环境建模技术利用虚拟现实技术建立力觉临场感机器人及其环境的准确虚拟预测仿真图形，提供真实的力觉/触觉反馈，使操作者在良好的人机界面条件下进行遥操作。虽然该技术是解决大时延问题的有力手段，但仍存在难以准确、在线建立环境预测模型的难题。

力觉临场感遥操作机器人系统的典型时延控制方法包括以下 3 类。

① 基于无源理论的控制方法[104]。无源理论是从电网络理论发展而来的一种保证稳定性的理论。在时延力反馈遥操作机器人双边控制系统中，从端环境、从端机器人、主端机器人都是无源的，操作者也可以认为是无源的。因此，如果能保证遥操作机器人系统通信环节的无源性，就可以保证整个系统的无源性，从而保证系统的稳定性。基于无源理论的方法是目前分析力觉临场感遥操作机器人控制性能的最有力工具。

② 基于非时间参数的控制方法[105]。在常规的基于时间的遥操作机器人系统中，各部件用时间作为参数是引起系统不稳定的主要原因。因此，如果各部件不使用时间作为参数，则可消除时延的负面影响，这些非时间参数也被称作基于事件的运动参数。

③ 基于 $\boldsymbol{H}_\infty$ 理论的控制方法[106]。利用 $\boldsymbol{H}_\infty$ 控制理论进行时延下力反馈遥操作机器人控制不仅可以得到期望的稳定控制，还能将时延对遥操作系统的影响降到最低，并且能够在一定程度上满足系统的性能要求，同时对系统可能存在的其他方面的扰动也具有一定的鲁棒性。

本节介绍了基于视觉和触觉/力觉的空间机器人环境感知技术以及基于人机对话和力觉临场感的空间机器人人机交互技术。需要指出的是，近 30 年来触觉/力觉感知技术虽有了较大发展，但与视觉感知等机器人的其他感知技术相比还存在不小差距。考虑未来空间探索的需求，面向非结构化的空间环境和复杂多变的操作任务，空间机器人感知和交互技术仍是当前重要的研究方向。

4.5　空间机器人容错控制

空间机器人是集机械、电子、通信、控制为一体的复杂系统，其内部任一元器件的异常均可能造成空间机器人无法正常工作，如传感器故障、执行器故障等[107]。关节是空间机器人的核心运动单元，作为最为复杂的组件，空间机器人故障大多集中于关节故障[108]。关节故障的发生改变了机器人运行参数，轻则影响任务的可靠执行，重则损坏系统结构，威胁空间机器人的运行安全。为了能够快速有效隔离关节故障的影响，往往在检测到关节异常运行时就要锁定故障关节，将机器人转化为故障关节锁定的空间机器人。考虑到恶劣空间环境的影响，航天员出舱维修故障关节成本高、风险大，再加上空间任务的紧迫性，通常需要对存在关节故障的空间机器人进行容错控制，使其能够继续执行操作任务[109]。

空间机器人容错控制是指在发生关节故障的情况下，通过重新规划与控制故障机器人的运动，使关节故障对空间机器人的影响最小化，以保证操作任务能高效可靠完成。关节发生故障后，空间机器人模型会发生摄动，导致其运动性能发生改变，从而影响任务执行的效率甚至导致任务失败。为此，空间机器人容错控制需要在准确评估关节故障对空间机器人影响的基础上，重新规划与控制机器人的运动[110-111]。本节将从空间机器人容错性能评估和空间机器人容错控制方法 2 部分介绍。

4.5.1 空间机器人容错性能评估

空间机器人容错性能评估是指在关节发生故障后，对机器人运动性能进行评估，以反映故障机器人运动性能的退化程度。考虑到操作任务会要求空间机器人在操作空间（笛卡儿空间）与关节空间具备一定的运动性能，因此本节将从操作空间与关节空间 2 个角度对关节故障空间机器人容错性能进行评估[112]。此外，由于一些复杂操作任务对空间机器人多方面容错性能同时存在要求，例如转位任务不仅需要机器人具备一定的末端位姿可达性，还需要机器人具备一定的运动灵巧性，因此还需要从多个角度综合评估空间机器人的容错性能[113]。

1. 空间机器人操作空间容错性能评估

空间机器人操作空间运动性能通常利用工作空间进行评估。工作空间表征的是空间机器人末端位姿的可达范围，在关节故障发生后，空间机器人运动学参数发生变化进而影响末端位姿可达性，最终导致空间机器人工作空间发生退化[114]。当工作空间退化程度较大时，任务期望轨迹可能位于空间机器人退化工作空间之外，导致任务难以有效执行。因此，评估关节故障空间机器人的工作空间是任务完成的前提，其可利用退化工作空间、容错工作空间以及可靠容错工作空间进行评估。

（1）退化工作空间

空间机器人的工作空间反映的是各关节角序列映射到末端所得到的位姿集合，其与各关节角度密切相关。当关节发生故障后，机器人模型相比于常态发生退化，其工作空间也将发生退化。

针对 n 自由度空间机器人，假设关节 j 发生故障被锁定在 θ_{j_lock}，则退化工作空间可以表示为：

$$W_j = \left\{ {}^0_n\boldsymbol{T}(\boldsymbol{\theta}) : \boldsymbol{\theta} \in Q_j \right\} \tag{4.28}$$

式中，W_j 表示故障关节锁定机器人的退化工作空间；$\boldsymbol{\theta} = \left(\theta_1, \cdots, \theta_{j\_lock}, \cdots, \theta_n\right)$ 表示故障关节锁定空间机器人的各关节角度；θ_{j_lock} 表示故障关节的锁定角度；Q_j 表示故障关节锁定机器人的关节角序列集合。

对于运行于三维空间的多自由度空间机器人，其工作空间形状复杂，难以运用解析法或几何法获得其准确的数学解析表达式或几何形状边界，因此退化工作空间通常利用数值法中的蒙特卡洛方法求解得到，即在确定故障关节角度的基础上，通过随机分布对正常关节的角度进行采样，得到满足空间机器人关节运动范围约束的随机样本点集合，进而将集合中的点逐一代入关节故障机器人的正向运动学方程，即可获得退化工作空间[115]。

（2）容错工作空间

任一关节发生故障被锁定后，空间机器人末端均可到达的末端位姿点集合，称为容错工作空间，即

$$W_f = \bigcap_j W_j, j = 1, 2, \cdots, n \tag{4.29}$$

容错工作空间即为任一故障关节锁定后的退化工作空间的交集，该空间反映的末端可达性能够实现对任一关节故障的全局容错。而容错工作空间之外的区域是机器人的受限区域，因此为保障任一关节故障时任务能够得以完成，通常需使得任务轨迹落在空间机器人容错工作空间之内[114]。

（3）可靠容错工作空间

相比于退化工作空间，容错工作空间非常狭小，导致难以仅在容错工作空间内规划出满足操作任务需求的末端轨迹，这严重限制了关节故障空间机器人的后续任务执行能力。为此，相关学者通过考虑不同关节故障的条件概率，将机器人工作空间重新划分，得到对不同关节具有容错能力的区域，进而结合建立满足任务可达性需求以及对易故障关节容错的可靠容错工作空间，达到拓展

关节故障空间机器人末端可达区域的目的[116]。

如图 4-19 所示，对三自由度机器人工作空间重新划分得到其可靠容错工作空间，其中不同区域对不同的关节具有容错能力，如 ${}^{0}S$ 表示不对任何关节具有容错能力的工作空间，${}^{i}S(i=1,2,3)$表示仅对关节 i 具有容错能力的区域，${}^{ij}S$（$i,j=1,2,3$）表示对关节 i、关节 j 均具有容错能力的区域，以此类推，${}^{123}S$ 表示同时对 3 个关节均具有容错能力的区域（机器人容错工作空间）。在此基础上，利用关节可靠性（正常工作的概率）求解划分后各区域对关节故障容错的条件概率（容错条件概率）。可靠容错工作空间的高度表征其条件容错概率的大小，随着交集数量的增加，可靠容错工作空间面积显著减小，而其具备的条件容错概率随之增大。

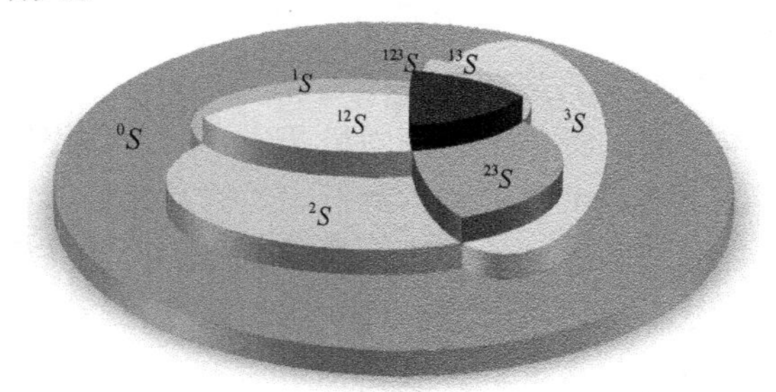

图 4-19　三自由度机器人可靠容错空间

可靠容错工作空间通常具有以下作用。

① 可用于评估给定末端运动轨迹的容错条件概率，判断其是否满足任务可靠性需求，并辅助判断各关节对于机器人任务的重要程度。

② 可以通过降低容错条件概率，拓展容错工作空间的体积，进而获得满足任务可达性需求的可靠容错工作空间，为任务的执行提供更大的可行空间。

2. 空间机器人关节空间容错性能评估

空间机器人关节空间运动性能表征了机器人运动的灵巧性，包括最小奇异值、条件数、可操作度等指标，其与各关节的运动紧密相关。当机器人关节发生故障被锁定后，故障关节将不再为末端运动做出贡献，导致机器人运动灵巧性发生退化，影响机器人执行任务的效率。因此，需开展空间机器人关节空间容错性能的评估。

空间机器人雅可比矩阵反映了机器人关节空间运动向操作空间运动的映射关系，一般利用其来定义关节空间运动性能指标。由于故障关节不再提供运动，通常将雅可比矩阵中故障关节对应的列置零，得到机器人退化雅可比矩阵。根据空间机器人退化雅可比矩阵的奇异值分解，定义机器人关节空间容错性能指标，如表 4-2 所示[117]。

表 4-2　空间机器人关节空间的容错性能指标

性能指标	退化最小奇异值（s）	退化条件数（k）	退化可操作度（w）
含义	雅可比矩阵的最小奇异值σ_m	雅可比矩阵的最大奇异值σ_1与最小奇异值σ_m之比	雅可比矩阵各奇异值（σ_1，σ_2，…，σ_m）的乘积
数学表征	$s=\sigma_m$	$k=\sigma_1/\sigma_m$	$w=\sigma_1\sigma_2\cdots\sigma_m$
表征意义	机器人所具有的位形同奇异位形的接近程度	反映机器人运动的各向同性	机器人在各个方向上运动能力的综合度量
取值依据	取值越大，机器人发生奇异的可能性越小	取值越小，机器人在各方向上运动能力越接近	取值越大，机器人在各方向上绝对操作能力越大

3. 空间机器人综合容错性能评估

在轨操作任务往往对空间机器人多方面运动性能同时存在要求，为了能够反映关节故障空间机器人对在轨操作任务的执行能力，一些学者通过构建综合性能评价指标，从多角度评估空间机器人容错性能[113]。

空间机器人综合容错性能评估流程通常包括：首先梳理与在轨操作任务要求相关的空间机器人操作空间和关节空间各容错性能指标，并对各指标进行归一化处理，得到用于空间机器人综合容错性能评估的各子指标；然后，利用灰色关联熵、条件信息熵等方法，分析各子指标随故障关节角度变化的灵敏度，确定各子指标对当前任务可靠完成的影响权重；最后，对各子指标值进行加权构造综合容错性能指标，实现对空间机器人综合容错性能的评估。

利用综合容错性能指标可从多个角度综合评估空间机器人运动性能退化程度，进而作为约束或指导，应用于后续面向实际在轨操作任务的关节故障空间机器人规划及控制，保证在轨操作任务的可靠完成。

4.5.2　空间机器人容错控制方法

空间机器人容错控制方法是在实现空间机器人容错性能评估的基础上，考虑任务要求对故障机器人进行规划和控制，以保证操作任务顺利执行的通用化手段。根据控制方式的不同，空间机器人容错控制方法通常分为在线容错控制和离线容错控制 [118]。

1. 在线容错控制

考虑到空间环境特点以及操作任务需求，空间机器人在发生关节故障后需尽可能避免停机，以提高任务的执行效率。在线容错控制是指控制空间机器人

在关节故障发生前后仍以期望的运动连续执行任务（即故障前后不停机执行任务），该类控制方法能够提高任务执行的效率，为当前操作任务的高效可靠执行提供保障。

围绕在线容错控制的研究，许多学者提出了关节故障空间机器人全局容错轨迹优化方法。关节故障空间机器人全局容错轨迹优化是指在故障前即规划好全局容错轨迹，使得任意关节故障后空间机器人仍以足够大的容错性能跟踪预定轨迹完成任务，是保证机器人在发生关节故障后不停机完成任务的前提。

空间机器人执行在轨操作任务时，通过引入空间机器人关节空间容错性能，在满足末端位姿要求的关节构型集合中搜索既满足容错需求且使容错性能最优的关节轨迹序列，进而通过考虑多约束多目标即可实现关节故障空间机器人的全局容错轨迹优化。因此，关节故障空间机器人全局容错轨迹优化通常包含关节空间容错构型群组求解和多约束多目标容错轨迹优化 2 个步骤。其中，关节空间容错构型群组指在满足末端运动轨迹对空间机器人位姿需求的关节构型集合中，根据关节构型容错性评判准则筛选出满足关节容错性能的关节构型集合；多约束多目标容错轨迹优化是指在给定空间机器人关节容错构型群组的基础上，考虑多约束多目标需求（如关节运行参数约束、基座扰动力/力矩最小、空间机器人运动性能最优等），对空间机器人进行全局容错轨迹优化，筛选出可使空间机器人不停机运动的全局容错构型轨迹，使空间机器人任意关节在任意时刻发生故障情况下，空间机器人仍然可以继续完成操作任务。

空间机器人全局轨迹优化可使关节故障空间机器人在不停机的情况下连续执行操作任务，最大限度提升全任务周期内操作任务的执行效率。然而，由于关节故障空间机器人不停机执行任务，容易造成故障发生瞬间关节速度与加速度（或力矩）的突变，从而影响空间机器人的运行安全甚至损坏空间机器人系统[119]。为此，相关学者围绕关节故障空间机器人的关节运行参数突变（包含速度突变和力矩突变）问题进一步进行了研究，提出了空间机器人关节运行参数突变抑制方法，在保证任务顺利完成的同时，提升了关节故障空间机器人不停机运动的稳定性。

关节运行参数突变抑制策略是将末端运行参数的突变量表述为等式约束，通过施加强约束的形式给予较高的优先度，而关节运行参数突变量的最小化表述为目标函数，在满足约束的前提下进行目标的优化，实现在保持末端运行参数不发生突变的前提下抑制关节故障时关节运行参数的突变[120]。考虑到空间机器人典型关节运行参数主要包括关节速度和关节力矩，那么关节运行参数突变抑

制就包括关节速度突变抑制和关节力矩突变抑制。

① 关节速度突变抑制。关节速度突变抑制是在保证末端速度和位置不发生突变的前提下，考虑关节速度限位等因素，通过优化空间机器人关节运行轨迹，使得关节速度突变最小化。典型关节速度突变抑制方法有零空间项补偿法和多项式插值法[116，120]。零空间项补偿法适用于冗余空间机器人，指通过构造包含修正系数的速度零空间项，用以补偿故障前后的健康关节速度，进而通过寻找最优的修正系数，使得关节速度突变目标函数最小化；多项式插值法适用于非冗余空间机器人，指利用包含冗余参数的多项式对健康关节速度进行插值，通过优化健康关节的运行轨迹来可实现关节速度突变抑制。

② 关节力矩突变抑制。关节力矩的突变抑制是在保证末端操作力实际值与理想值一致的前提下，考虑机器人关节力矩限位等因素，通过优化空间机器人运行轨迹，使得关节力矩突变最小化。关节力矩突变抑制方法和关节速度突变抑制相似，不同的是关节力矩突变抑制是在速度突变抑制的基础上，利用空间机器人动力学模型进行关节力矩突变抑制。

2. 离线容错控制

离线容错控制是指在空间机器人容错性能评估的基础上，以优化关节故障空间机器人的运动性能为目标对关节故障空间机器人的轨迹进行重新规划与控制[121-122]。相比于在线容错控制，空间机器人离线容错控制不能在故障前后不停机执行任务，无法满足任务连续操作要求，但其能够优化所需要的运动性能指标，以满足任务对其自身的要求。

离线容错控制流程通常如下：首先，对退化工作空间内各散点对应的运动性能（如综合容错性能或动态负载能力）进行评估；然后，将获得的运动性能评估值融入到退化工作空间散点坐标中，得到空间机器人运动性能退化工作空间；最后，以空间机器人运动性能最优为目标，在空间机器人运动性能退化工作空间内进行轨迹搜索，完成面向综合容错性能最优的容错轨迹规划。

关节故障的发生严重影响了空间机器人运行安全及执行任务的效率，而容错控制技术则是空间机器人长期可靠服役的重要保障。考虑关节故障发生的特点，如故障类型、故障未知性、故障程度等方面，结合现有地面机器人的研究进展，亟待提出有针对性的空间机器人关节故障处理策略，如关节突发故障空间机器人稳定停机控制、空间机器人关节自由摆动故障处理、空间机器人故障诊断以及空间机器人健康管理与决策支持等。

4.6 小结

本章系统介绍了空间机器人规划、控制、感知、容错控制等相关技术，以及这些技术在空间机器人典型工况下的实际应用。随着航天领域的不断深入，空间探索任务对空间机器人提出越来越高的要求，加上应用环境特殊和自身结构复杂，使得空间机器人的规划与控制面临一系列难题与瓶颈。而借助其他学科理论方法的交叉融合，空间机器人规划、控制、感知等技术必然能够不断得以改进，为空间机器人长期可靠服役奠定坚实的理论基础和技术支撑。

参考文献

[1] 熊有伦，丁汉，刘恩沧. 机器人学[M]. 北京：机械工业出版社，1993.

[2] DENAVIT J, HARTENBERG R S. A kinematic notation for lower-pair mechanisms based on matrices[J]. ASME Journal of Applied Mechanics, 1955, 22(2): 215-221.

[3] EVERETT L J, DRIELS M, MOORING B. Kinematic modelling for robot calibration[C]//1987 IEEE International Conference on Robotics and Automation. Piscataway, USA: IEEE, 1987: 183-189.

[4] HAYATI S A. Robot arm geometric link parameter estimation[C]// 22nd IEEE Conference on Decision and Control. Piscataway, USA: IEEE, 1983: 1477-1483.

[5] MOORING B W. The effect of joint axis misalignment on robot positioning accuracy[C]//ASME International Computers in Engineering Conference. New York: ASME, 1983: 151-155.

[6] HAYATI S, MIRMIRANI M. Improving the absolute positioning accuracy of robot manipulators[J]. Journal of Robotics Systems, 2010, 2(4): 397-413.

[7] VEITSCHEGGER W K, WU C H. Robot calibration and compensation[J]. IEEE Journal on Robotics and Automation, 1989, 4(6): 643-656.

[8] 彭光宇，董洪波，马斌. 两种 DH 模型的机器人运动学建模对比研究[J]. 机械研究与应用，2019, 32(6): 62-65.

[9] KHALIL W, BOYER F, MORSLI F. General dynamic algorithm for floating base tree

structure robots with flexible joints and links[J]. Journal of Mechanisms and Robotics, 2017, 9(3): 1-17.

[10] ZHUANG H, ROTH Z S, HAMANO F. A complete and parametrically continuous kinematic model for robot manipulators[J]. IEEE Transactions on Robotics and Automation, 1992, 8(4): 451-463.

[11] ZHUANG H Q, WANG L K, ROTH Z S. Error-model-based robot calibration using a modified CPC model[J]. Robotics and Computer-Integrated Manufacturing, 1993, 10(4): 287-299.

[12] WANG X K, HAN D P, YU C B, et al. The geometric structure of unit dual quaternion with application in kinematic control[J]. Journal of Mathematical Analysis and Applications, 2012, 389(2): 1352-1364.

[13] 左仲海. 模块化机械臂运动学与动力学快速建模研究[D]. 北京：北京邮电大学，2015.

[14] ROCHA C R, TONETTO C P, DIAS A. A comparison between the denavit-hartenberg and the screw-based methods used in kinematic modeling of robot manipulators[J]. Robotics and Computer- Integrated Manufacturing, 2011, 27(4): 723-728.

[15] HE R B, ZHAO Y J, YANG S N, et al. Kinematic-parameter identification for serial-robot calibration based on poe formula[J]. IEEE Transactions on Robotics, 2010, 26(3): 411-423.

[16] 刘松国，朱世强，王宣银. 基于矩阵分解的一般 6R 机器人实时高精度逆运动学算法[J]. 机械工程学报，2008, 44(11): 304-309.

[17] 王宪，杨国梁，张方生，等. 基于牛顿-拉夫逊迭代法的 6 自由度机器人逆解算法[J]. 传感器与微系统，2010, 29(10): 116-118.

[18] DUBOWSKY S, PAPADOPOULOS E. The kinematics dynamics and control of free-flying and free-floating space robotics systems[J]. IEEE Transactions on Robotics and Automation, 1993, 9(5): 531-543.

[19] AZIZI M R, NADERI D. Dynamic modeling and trajectory planning for a mobile spherical robot with a 3dof inner mechanism[J]. Mechanism and Machine Theory, 2013, 64: 251-261.

[20] 梅凤翔. 关于牛顿力学的力和拉格朗日力学的力——理论力学札记之九[J]. 力学与实践，2011, 33(5): 63-64.

[21] 石炜，郗安民，张玉宝. 基于凯恩方法的机器人动力学建模与仿真[J]. 微计算机信息，2008, 24(29): 222-223.

[22] 张解放. 分析力学中的 Gibbs-Appell 方程[J]. 大学物理，1993, 12(1): 16-18.

[23] KANE T R, LEVINSON D A. Formulation of equations of motion for complex spacecraft[J]. Journal of Guidance Control, 1980, 3(2): 99-112.

[24] 苏曙. Kane 方法及其特点[J]. 机械设计, 1993, 4: 4-6.

[25] 郑棋棋，汤奇荣，张凌楷，等. 空间机械臂建模及分析方法综述[J]. 载人航天，2017, 23(1): 82-97.

[26] RODRIGUEZ G. Kalman filtering, smoothing and recursive robot arm forward and inverse dynamics[J]. IEEE Journal Robotics and Automation, 1987, 3(6): 624-639.

[27] RAKHSHA F, GOLDENBERG A A. Dynamics modelling of a single-link flexible robot[C]//1985 IEEE International Conference on Robotics and Automation. Piscataway, USA: IEEE, 1985: 984-989.

[28] GE S S, LEE T H, ZHU G. A new lumping method of a flexible manipulator[C]//1997 American Control Conference. Piscataway, USA: IEEE, 1997: 1412-1416.

[29] KIANG C T, SPOWAGE A, YOONG C K. Review of control and sensor system of flexible manipulator[J]. Journal of Intelligent and Robotic Systems, 2015, 77(1): 187-213.

[30] 孙训方，方孝淑，关来泰. 材料力学(I)[M]. 北京：高等教育出版社，2004.

[31] 杨敏，刘克平. 柔性机械臂动力学建模与控制方法研究进展[J]. 长春工业大学学报(自然科学版)，2011, 32(1): 13-19.

[32] BAI Y, WANG D L. Improve the robot calibration accuracy using a dynamic online fuzzy error mapping system[J]. IEEE Transactions on Systems, Man and Cybernetics, 2004, 34(2): 1155-1160.

[33] CHEN G, LI T, CHU M, et al. Review on kinematics calibration technology of serial robots[J]. International Journal of Precision Engineering and Manufacturing, 2014, 15(8): 1759-1774.

[34] ROTH Z S, MOORING B W, RAVANI B. An overview of robot calibration[J]. IEEE Journal on Robotics and Automation, 1987, 3(5): 377-385.

[35] SCHROER K, ALBRIGHT S L, GRETHLEIN M. Complete, minimal and model-continuous kinematic models for robot calibration[J]. Robotics and Computer-Integrated Manufacturing, 1997, 13(1): 73-85.

[36] ZHONG X L, LEWIS J M, NAGY F L N. Autonomous robot calibration using a trigger probe[J]. Robotics and Autonomous Systems, 1996, 18(4): 395-410.

[37] HA I C. Kinematic parameter calibration method for industrial robot manipulator using the relative position[J]. Journal of Mechanical Science and Technology, 2008, 22(6): 1084-1090.

[38] MOTTA J M, CARVALHO G C, MCMASTER R S. Robot calibration using a 3D vision-based measurement system with a single camera[J]. Robotics and Computer-Integrated Manufacturing, 2001, 17(6): 487-497.

[39] CHEN G, WANG L, YUAN B N, et al. Configuration optimization for manipulator kinematic calibration based on comprehensive quality index[J]. IEEE ACCESS, 2019, 7: 50179-50197.

[40] 王一帆，孙汉旭，陈钢，等. 基于分层结构的空间机械臂多约束任务规划[J]. 机械工程学报，2017, 53(11): 104-112.

[41] NEBEL B, BACKSTROM C. On The computational complexity of temporal projection, planning, and plan validation[J]. Artificial Intelligence,1994, 66(1):125-160.

[42] EROL K, HENDLER J, NAU D S, et al. UMCP: a sound and complete procedure for hierarchical task-network planning[C]//The Second International Conference on AI Planning Systerms.Menlo Park，California：AAAI Press, 1994: 249-254.

[43] BLUM A L, FURST M L. Fast planning through planning graph analysis[J]. Artificial Intelligence, 1997, 90(1-2): 281-300.

[44] 贾庆轩，黄旭东，陈钢，等. 基于改进图规划的机械臂任务规划方法[J]. 北京邮电大学学报，2018, 41(3): 27-31.

[45] 王幼民，徐蔚鸿. 机器人关节空间 B 样条轨迹优化设计[J]. 机电工程，2000, 17(4): 57-60.

[46] PEREA T L. Spatial planning: a configuration space approach[J]. IEEE Transactions on Computers, 2006, 32(2): 108-120.

[47] KHATIB O. Real-time obstacle avoidance for manipulators and mobile robots[J]. International Journal of Robotics Research, 1985, 1(5): 500-505.

[48] 付丽霞，任玉洁，张勇，等. 基于改进平滑 A*算法的移动机器人路径规划[J]. 计算机仿真，2020, 37(8): 271-276.

[49] 税海涛，彭胜军，马宏绪. 自由飘浮空间机器人运动规划研究综述[J]. 自动化技术与应用，2009, 28(11): 1-6.

[50] NENCHEV D N, TSUMAKI Y, UCHIYAMA M. Adjoint Jacobian closed-loop kinematic control of robots[C]//IEEE International Conference on Robotics and Automation. Piscataway, USA: IEEE, 1996: 1235-1240.

[51] NENCHEV D N, YOSHIDA K, VICHITKULSAWAT P, et al. Reaction null-space control of flexible structure mounted manipulator systems[J]. IEEE Transactions on Robotics and Automation, 2000, 15(6): 1011-1023.

[52] 徐文福，詹文法，梁斌，等. 自由飘浮空间机器人系统基座姿态调整路径规划方法

的研究[J]. 机器人，2006, 28(3): 291-296.

[53] 王勇. 非线性 PID 控制的研究[D]. 南京: 南京理工大学，2000.

[54] 张文辉，朱银法. 空间机器人控制方法研究综述[J]. 山东科技大学学报(自然科学版)，2013, 32(3): 12-16.

[55] 吴忠强，朴春俊. 模型参考自适应控制理论发展综述[J]. 信息技术，2000(7): 34-36.

[56] 周东华，谢国群. 自校正控制系统综述及一种解法[C]//全国系统与控制科学青年讨论会. 兰州: 中国自动化学会控制理论委员会，1987: 261-268.

[57] 刘金琨，孙富春. 滑模变结构控制理论及其算法研究与进展[J]. 控制理论与应用，2007, 24(3): 407-418.

[58] UTKIN V. Variable structure systems with sliding modes[J]. IEEE Transactions on Automatic Control, 2003, 22(2): 212-222.

[59] NORBERT W. Cybernetics or control and communication in the animal and the machine[M]. New York: John Wiley & Sons, Inc, 1948.

[60] 李文，梁昔明，龙祖强. 最优控制理论的发展与展望[J]. 广东自动化与信息工程，2003, 24(1): 1-4.

[61] 李志平. 最优控制的研究现状[J]. 硅谷，2012, 22: 4, 52.

[62] 王飞跃，魏庆来. 智能控制: 从学习控制到平行控制[J]. 控制理论与应用，2018, 35(7): 56-65.

[63] UCHIYAMA M. Formation of high-speed motion pattern of a mechanical arm by trial[J]. Transactions of the Society of Instrumentation and Control Engineers, 1978, 14(6): 706-712.

[64] ARIMOTO S, KAWAMURA S, Miyazaki F. Bettering operation of dynamic systems by learning: A new control theory for servomechanism or mechatronics systems[C]//1984 IEEE Conference on Decision and Control. Piscataway, USA: IEEE, 1984: 1064-1069.

[65] ZADEH L A. Outline of a new approach to the analysis of complex systems and decision processes[J]. IEEE Transactions on Systems, Man, and Cybernetics, 2007, 3(1): 28-44.

[66] FILEV D P, YAGER R R. A generalized defuzzification method via BAD distributions[J]. International Journal of Intelligent Systems, 2009, 6(7): 687-697.

[67] WALKER M W, WEE L B. Adaptive control of space based robot manipulators[J]. IEEE Transactions on Robotics and Automation, 1991, 7(6): 828-835.

[68] XU Y S, SHUM H Y, KANADE T, et al. Parameterization and adaptive control of space robot systems[J]. IEEE Transactions on Aerospace & Electronic Systems, 1994,

30(2): 435-451.

[69] SHIN J H, LEE J J. Dynamic control with adaptive identification for free-flying space robots in joint space[J]. Robotica, 1994, 12(6): 541-551.

[70] PARLAKTUNA O, OZKAN M. Adaptive control of free-floating space robots in Cartesian coordinates[J]. Advanced Robotics, 2004, 18(9): 943-959.

[71] GU Y L, XU Y. A normal form augmentation approach to adaptive control of space robot systems[J]. Dynamics and Control, 1995, 5(3): 275-294.

[72] RAIBERT M H, CRAIG J J. Hybrid position/force control of manipulators[J]. Journal of Dynamic Systems Measurement & Control, 1981, 103(2):126.

[73] HOGAN N. Impedance control: an approach to manipulation[C]//1984 American control conference. Piscataway, USA: IEEE, 1984: 304-313.

[74] MOOSAVIAN S A A, RASTEGARI R. Disturbance rejection analysis of multiple impedance control for space free-flying robots[C]// 2002 IEEE/RSJ International Conference on Intelligent Robots and Systems. Piscataway, USA: IEEE, 2002: 2250-2255.

[75] NAKANISHI H, YOSHIDA K. Impedance control for free-flying space robots-basic equations and applications[C]//2006 IEEE/RSJ International Conference on Intelligent Robots and Systems. Piscataway, USA: IEEE, 2006: 3137-3142.

[76] 张龙. 空间机械臂在轨捕获碰撞动力学及控制研究[D]. 北京: 北京邮电大学, 2017: 6-11.

[77] YOSHIDA K, NENCHEV D N. Space robot impact analysis and satellite-base impulse minimization using reaction null-space[C]//1995 IEEE International Conference on Robotics and Automation. Piscataway, USA: IEEE, 1995: 1271-1277.

[78] HUANG P, YUAN J, XU Y, et al. Approach trajectory planning of space robot for impact minimization[C]//2006 IEEE International Conference on Information Acquisition. Piscataway, USA: IEEE, 2006: 382-387.

[79] LIN Z C, PATEL R V, BALAFOUTIS C A. Impact reduction for redundant manipulators using augmented impedance control[J]. Journal of Robotic Systems, 1995, 12(5): 301-313.

[80] NGUYEN-HUYNH T C, SHARF I. Adaptive reactionless motion for space manipulator when capturing an unknown tumbling target[C]//2011 IEEE International Conference on Robotics and Automation. Piscataway, USA: IEEE, 2011: 4202-4207.

[81] DONG Q, CHEN L. Impact dynamics analysis of free-floating space manipulator capturing satellite on orbit and robust adaptive compound control algorithm design for

suppressing motion[J]. Applied Mathematics and Mechanics, 2014, 35(4): 413-422.

[82] YOSHIKAWA T, HARADA K. Hybrid position/force control of flexible-macro/rigid-micro manipulator systems[J]. IEEE Transactions on Robotics & Automation, 1996, 12(4): 633-640.

[83] 董楸煌，陈力．柔性空间机械臂捕获卫星碰撞动力学分析、镇定运动神经网络控制及抑振[J]．机械工程学报，2014, 50(9): 40-48.

[84] 戈新生，姜兵利，刘延柱．空间刚柔性机械臂振动抑制的 LQ 最优控制方法[J]．振动与冲击，1999, 18(1): 51-54.

[85] 曹登庆，白坤朝，丁虎，等．大型柔性航天器动力学与振动控制研究进展[J]．力学学报，2019, 51(1): 9-21.

[86] 邓启文．空间机器人遥操作双边控制技术研究[D]．长沙：国防科学技术大学，2006.

[87] YEREX K, COBZAS D, JAGERSAND M. Predictive display models for tele-manipulation from uncalibrated camera-capture of scene geometry and appearance[C]//2003 IEEE International Conference on Robotics and Automation. Piscataway, USA: IEEE, 2003: 2812-2817.

[88] LAWRENCE D A. Stability and transparency in bilateral teleoperation[J]. IEEE Transactions on Robotics and Automation, 1993, 3(5): 1316-1321.

[89] AJOUDANI A, GABICCINI M, TSAGARAKIS N, et al. TeleImpedance: Exploring the role of common-mode and configuration-dependant stiffness[C]//2012 IEEE-RAS International Conference on Humanoid Robots. Piscataway, USA: IEEE, 2012: 363-369.

[90] PRINCE S J D. Computer vision: models, learning, and inference[M]. Cambridge: Cambridge University Press, 2012.

[91] FISCHLER M A, BOLLES R C. Random sample consensus: a paradigm for model fitting with applications to image analysis and automated cartography[J]. Communications of the ACM, 1981, 24(6): 381-395.

[92] 洪裕珍．空间非合作目标的单目视觉姿态测量技术研究[D]．成都：中国科学院光电技术研究所，2017.

[93] KELSEY J M, BYRNE J, COSGROVE M, et al. Vision-based relative pose estimation for autonomous rendezvous and docking[C]// 2006 IEEE Aerospace Conference. Piscataway, USA: IEEE, 2006: 1-20.

[94] CANNY J. A computational approach to edge detection[J]. IEEE Transactions on Pattern Analysis and Machine Intelligence, 1986(6): 679-698.

[95] 宋爱国. 机器人触觉传感器发展概述[J]. 测控技术，2020, 39(5): 2-8.

[96] BRIDGWATER L B, IHRKE C A, DIFTLER M A, et al. The robonaut 2 hand-designed to do work with tools[C]//2012 IEEE International Conference on Robotics and Automation. Piscataway, USA: IEEE, 2012: 3425-3430.

[97] 胡建元，黄心汉. 机器人力传感器研究概况[J]. 传感器技术, 1993, 4: 8-12.

[98] 孟光，韩亮亮，张崇峰. 空间机器人研究进展及技术挑战[J]. 航空学报，2020(11): 1-26.

[99] YANG M, TAO J, CHAO L, et al. User behavior fusion in dialog management with multi-modal history cues[J]. Multimedia Tools and Applications, 2015, 74(22): 10025-10051.

[100] KIM S, D'HARO L F, BANCHS R E, et al. The fourth dialog state tracking challenge[M]// JOKINEN K., WILCOCK G. Dialogues with social robots. Singapore: Springer, 2016: 435-449.

[101] CHEN H, LIU X, YIN D, et al. A survey on dialogue systems: recent advances and new frontiers[J]. Acm Sigkdd Explorations Newsletter, 2017, 19(2): 25-35.

[102] ZHAO T, ESKENAZI M. Towards end-to-end learning for dialog state tracking and management using deep reinforcement learning[C]//17th Annual Meeting of the Special Interest Group on Discourse and Dialogue. Los Angeles: Association for Computational Linguistics, 2016: 1-10.

[103] 宋爱国. 人机交互力觉临场感遥操作机器人技术研究[J]. 科技导报，2015, 33(23): 100-109.

[104] ARCARA P, MELCHIORRI C. Control schemes for teleoperation with time delay: a comparative study[J]. Robotics and Autonomous systems, 2002, 38(1): 49-64.

[105] XI N, TARN T J. Stability analysis of non-time referenced internet-based telerobotic systems[J]. Robotics and Autonomous Systems, 2000, 32(2-3): 173-178.

[106] YOKOKOHJI Y, YOSHIKAWA T. Bilateral control of master-slave manipulators for ideal kinesthetic coupling-formulation and experiment[J]. IEEE transactions on robotics and automation, 1994, 10(5): 605-620.

[107] ENGLISH J D, MACIEJEWSKI A A. Fault tolerance for kinematically redundant manipulators: anticipating free-swinging joint failures[J]. IEEE Transactions on Robotics and Automation, 1998, 14(4): 566-575.

[108] FEI F, LINA T, JIAFENG X, et al. A review of the end-effector of large space manipulator with capabilities of misalignment tolerance and soft capture[J]. Science China technological sciences, 2016, 59(11): 1621-1638.

[109] 郭雯. 面向关节失效的空间机械臂容错运动控制系统研制[D]. 北京: 北京邮电大学，2018.

[110] 王宣. 多关节多类型故障的空间机械臂容错控制策略研究[D]. 北京: 北京邮电大学，2019.

[111] GANG C, WEN G, QINGXUAN J, et al. Failure treatment strategy and fault-tolerant path planning of a space manipulator with free-swinging joint failure[J]. Chinese Journal of Aeronautics, 2018, 31(12): 2290-2305.

[112] YU S, WENFU X, HAIJUN S, et al. Fault-tolerant analysis and control of SSRMS-type manipulators with single-joint failure[J]. Acta Astronautica, 2016, 120: 270-286.

[113] JIA Q X, WANG X, CHEN G, et al. Coping Strategy for Multi-joint Multi-type Asynchronous Failure of a Space Manipulator[J]. IEEE Access, 2018, 6: 40337-40353.

[114] 李铭浩. 多自由度机械臂单关节故障下的容错控制研究[D]. 绵阳: 西南科技大学，2019.

[115] 李侃. 冗余度空间机械臂容错控制系统研制[D]. 北京: 北京邮电大学，2014.

[116] 李彤. 基于运动可靠性的空间机械臂优化控制研究[D]. 北京: 北京邮电大学，2016.

[117] 张健. 空间机械臂全局容错轨迹优化方法研究[D]. 北京: 北京邮电大学，2016.

[118] AZIZI M R, KHANI R. An algorithm for smooth trajectory planning optimization of isotropic translational parallel manipulators[J]. Proceedings of the Institution of Mechanical Engineers, Part C: Journal of Mechanical Engineering Science, 2016, 230(12): 1987-2002.

[119] 陈钢，李彤，贾庆轩，等. 空间机械臂末端力位容错过程中关节参数突变抑制[J]. 机械工程学报，2017, 53(11): 81-89.

[120] CHEN G, YUAN B N, JIA Q X, et al. Trajectory optimization for inhibiting the joint parameter jump of a space manipulator with a load-carrying task[J]. Mechanism and Machine Theory, 2019, 140: 59-82.

[121] 李哲，陈钢，孙汉旭，等. 七自由度空间机械臂容错工作空间动态负载能力评估方法[EB/OL]. 中国科技论文在线[2016-11-25].

[122] 贾庆轩，袁博楠，陈钢，等. 关节锁定空间机械臂负载操作能力评估与轨迹规划[J]. 控制与决策，2020, 35(1): 243-249.

第5章 空间机器人测试

随着空间探索的深入与任务种类的不断增多，不同类型的空间任务对空间机器人的性能提出了不同要求。为保证空间机器人性能能够达到预期的工程要求，需在空间机器人设计与研制完成之后，开展空间机器人性能测试与验证工作。本章首先介绍了几种空间机器人地面验证系统，然后分别从空间机器人系统功能/性能和环境适应性角度介绍空间机器人测试内容。

| 5.1 空间机器人地面验证系统 |

考虑到空间机器人研发和入轨成本巨大，因此在空间机器人投入使用之前，必须对其相关技术和性能进行充分的实验验证和测试，以提高空间机器人操作任务的成功率。为此，本节介绍几种典型的空间机器人地面验证系统（本节所述的地面验证系统主要围绕在轨服务空间机器人，相关验证系统同样也适用于深空探测空间机器人的验证实验）。

太空环境通常具有微重力特点，而开展地面验证实验的难点是如何在地面模拟太空微重力环境。目前，相关研究机构研制了多种空间机器人地面验证系统，使用较为广泛的主要有平面气浮实验系统、水浮实验系统、微重力模拟实验系统、吊丝配重实验系统和硬件在环混合实验系统等。

5.1.1 平面气浮实验系统

平面气浮实验系统是应用最早和最广泛的空间机器人地面验证系统。意大利帕多瓦大学和波兰科学院空间研究中心分别对平面气浮实验系统进行了研究。图 5-1 所示为波兰科学院空间研究中心的平面气浮微重力实验系统[1]。国内的清华大学、哈尔滨工业大学和北京邮电大学等也在平面气浮实验系统的研究中取得了较多成果。平面气浮实验系统由供气系统、气浮轴承和光滑平台（如大理石平台）等部分组成，通过气浮轴承输出的高压气体来平衡空间机器人系统的重力，以实现对整个空间机器人系统的支撑。借助平面气浮实验系统，空间机器人系统能够实现二维平面内的自由运动。

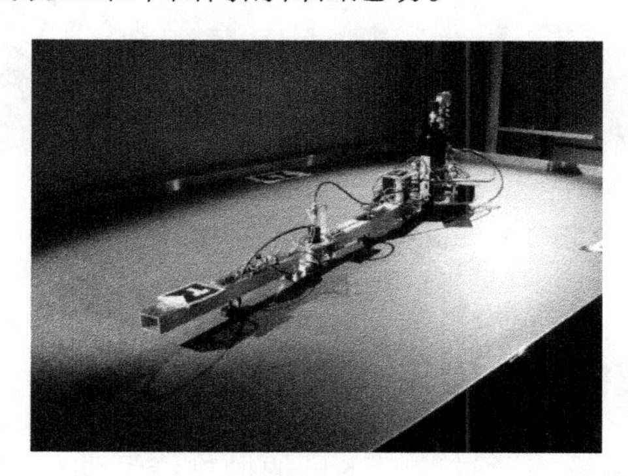

图 5-1　波兰科学院空间研究中心的平面气浮微重力实验系统

平面气浮实验系统对表面光滑度和水平度都提出了非常高的要求。较高的光滑度能够保证空间机器人在水平方向上受到的摩擦阻力足够小，较高的水平度能够保证气浮轴承输出竖直方向的压力，以平衡重力。该实验系统的优点在于易于实现且平衡重力效果好，但只能进行二维平面内的空间机器人运动验证实验，无法实现三维空间内的运动与操作验证实验。

5.1.2　水浮实验系统

水浮实验系统的原理是利用液体的浮力来平衡空间机器人的重力。该系统可以用于三维空间内的空间机器人地面验证实验。目前许多国家的科研机构都对水浮实验系统进行了研究，比较典型的成果有：美国麻省理工学院建立的 NASA 约翰逊空间中心水下悬浮微重力实验系统[2]；美国马里兰大学研制的 Ranger 空间机器人的水浮实验系统[3]；欧洲宇航局为 Eurobot 空间机器人开发的水浮实验系统，如图 5-2 所示[4]；中国科学院也研制出了水浮实验系统。

水浮实验系统可以模拟空间机器人在微重力环境下长时间、无限制地连续运动，但是该系统对空间机器人系统的防水等级提出了极高的要求，因此需要对进行实验的空间机器人系统进行特殊的设计，这将大幅提高系统的开发和维护费用。此外，在平衡重力的过程中，水浮实验系统引入了液体的阻尼和惯量，会对空间机器人的运动造成一定的影响，因此实验中的操作和运动速度不能过快，现阶段仅能以 0.3~0.5m/s 的速度缓慢运动。

（a）　　（b）

图 5-2　Eurobot 空间机器人的水下实验

5.1.3　微重力模拟实验系统

微重力模拟实验系统通过航天飞机的抛物线运动或实验舱的自由落体运动模拟太空中的微重力环境。利用抛物线运动产生微重力环境主要由航天飞机沿图 5-3 所示[5]的抛物线飞行来实现，航天飞机经过平飞加速阶段后，跃起拉升至最高点，在跃起拉升至恢复平飞之间的短暂时间内能够产生精度较高的微重力环境。日本宇宙航空研究开发机构（JAXA）利用 MU-300 飞机抛物线飞行产生的微重力环境对可重构空间机器人进行了实验[6]。在轨道快车项目中，NASA 采用改进的 KC-135 飞机进行了抛物线飞行微重力模拟实验[7]。

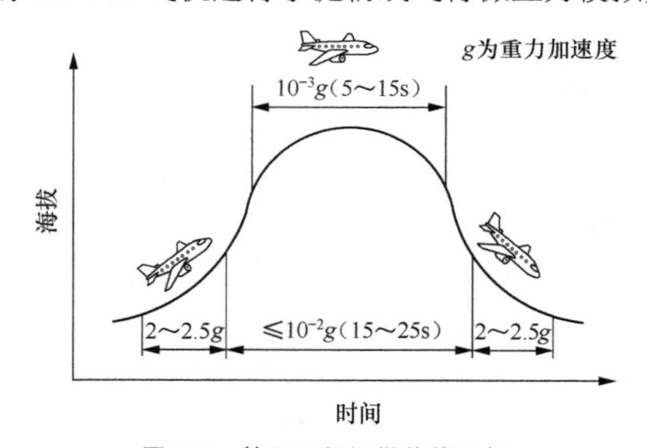

图 5-3　航天飞机沿抛物线飞行

利用自由落体运动产生微重力环境可以通过微重力塔实验装置来实现，美国和德国先后建造了微重力塔。为开展小型空间机器人短时间抓捕实验，日本微重力研究中心（Japan Microgravity Center，JAMIC）研制了精度可达 $10^{-5}g$ 的基于微重力塔的地面验证系统，该系统如图 5-4 所示[8]。该系统中的微重力塔实验装置主要由内、外 2 部分构成，内部主要由外层隔离舱和内层实验舱构成，外部主要包括塔体、释放机构、下落舱操作装置和减速回收装置等，通过下落舱在塔体内的自由落体运动在实验舱内产生微重力环境。该系统产生的微重力环境精度较高，实验时间最长为 10 s，但系统要求空间机器人结构尺寸不超过微重力塔，且需要对实验任务的操作时间加以限制，并且实验成本较高，实用性较差。

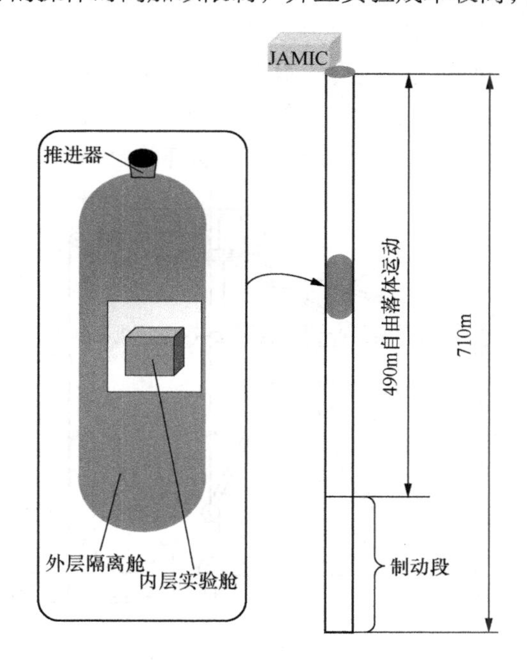

图 5-4　微重力塔实验系统

微重力模拟实验系统能够为空间机器人验证实验提供真实的三维微重力环境，所产生的微重力环境精度较高，通过航天飞机的抛物线飞行产生的微重力环境为 $10^{-2}g$~$10^{-3}g$，而通过微重力塔上实验舱的自由落体运动产生的微重力环境能够达到 $10^{-4}g$~$10^{-5}g$。同时，该类实验系统可在多次实验中重复利用，因此目前很多科研机构都采用微重力模拟实验系统进行小型空间机器人的微重力模拟实验。但是微重力模拟实验系统的实验时间非常有限，通过航天飞机抛物线飞行产生的微重力环境，一次完整的抛物线飞行时间大约为 1 min，只有其中 20~30 s 可应用于微重力环境实验，不利于地面验证实验的开展[9]。

5.1.4　吊丝配重实验系统

吊丝配重实验系统由绳索和滑轮组组成，其原理是利用悬吊绳索的拉力来平衡空间机器人受到的重力，从而实现微重力环境的模拟。美国卡内基梅隆大学研制的 SM² (Self Mobile Space Manipulator) 空间机器人的地面微重力实验系统和我国航天科技集团公司第五研究院研制的舱外机器人微重力模拟系统都采用吊丝配重的方法来平衡空间机器人的自身重力。图 5-5 所示为吊丝配重实验系统原理[10]。该原理包含主动重力补偿和被动重力补偿 2 种实现方法：主动重力补偿系统利用电机控制绳索拉力以平衡空间机器人的重力，如日本富士通实验室的恒张力空间机器人微重力模拟系统，该系统根据拉力传感器的反馈实时控制电机的输出转矩[11]；被动重力补偿系统通过配重来补偿重力，如意大利帕多瓦大学采用这一实现方法设计开发了被动弹簧悬吊微重力实验系统[12]。

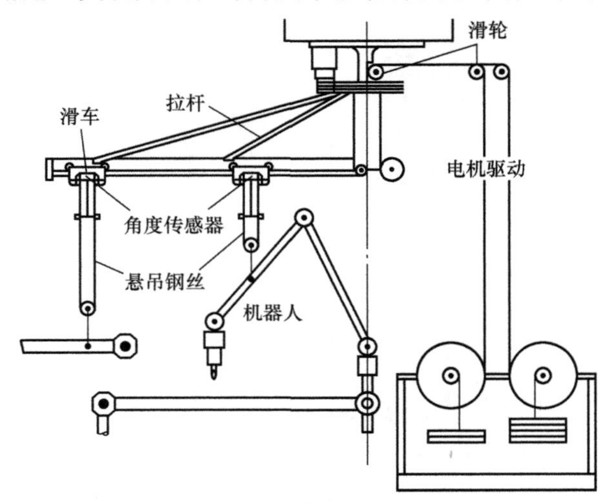

图 5-5　吊丝配重实验系统原理

主动重力补偿系统和被动重力补偿系统各有优劣：主动重力补偿系统的重力补偿精度较被动系统更高，能够达到 0.01g，但系统受到的外部干扰较多，控制较为复杂；被动重力补偿系统的重力补偿方式精度一般为 0.08g，但是其系统较为简单，易于实现。

吊丝配重实验系统的优点是可以进行三维空间的重力补偿，实验时间不受限制，但悬吊系统的动摩擦力难以辨识，无法在控制系统中精确补偿。同时，空间机器人和悬吊系统之间存在耦合振动，可能会使得整个系统不稳定。这些因素都会导致吊丝配重实验系统的重力补偿精度较差。

5.1.5　硬件在环混合实验系统

硬件在环（Hardware in Loop）混合实验系统采用数值仿真与硬件实验相结合的方式进行微重力环境下的空间机器人地面验证实验。该系统主要用于空间机器人运动规划控制方法的地面验证，其基本原理是通过精确的系统动力学模型计算空间机器人的运动情况，再利用相同模型的原型样机来检验任务的执行效果。

目前，硬件在环混合实验系统有 2 种典型的实现方法，如图 5-6 所示[5]。

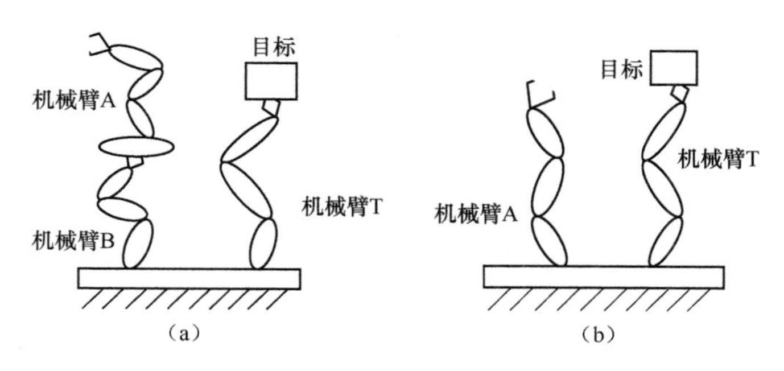

图 5-6 硬件在环混合实验系统实现方法

在图 5-6（a）中，机械臂 A 的基座固定于机械臂 B 的末端，用于模拟实际的空间机器人，通过空间机器人动力学模型计算得到机械臂 A 及其基座的运动，机械臂 B 的基座固定于地面，通过控制其末端运动轨迹模拟空间机器人基座的实际运动情况；目标固定于另一机械臂 T 上，通过控制机械臂 T 末端的运动模拟目标的实际运动。图 5-7 所示为美国 MIT 的 Dubowsky 等人[13]基于这一思想开发的 VES Ⅱ 地面实验系统。其中，PUMA 560 机械臂用于模拟实际的空间机器人，而基座的六自由度运动由带有 6 个位置控制液压驱动器的 Stewart 平台实现，该系统通过使用导纳控制方法对空间机器人系统的规划和控制算法进行评估。

在图 5-6（b）中，机械臂 A 的基座固定于地面，根据空间机器人的动力学方程计算得到末端运动情况，而目标的运动则由目标的动力学模型计算得到，进而通过二者的相对运动关系计算出目标相对于空间机器人基座的运动，最后通过机械臂 T 来实现该相对运动。利用这一思想，美国特拉华大学和德国宇航局分别研制该地面实验系统[14]。

硬件在环混合实验系统利用相应的硬件实验代替一部分的数值仿真，能够对空间机器人某些复杂的运动进行地面验证实验。例如，根据数值仿真计算的空间机器人与目标之间的相对运动，可通过空间机器人硬件模型的实时运动来证明。但是，该系统的主要缺点在于所使用的硬件模型与实际轨道操作中的空间机器人必须一致，同时实验成本过高且硬件设备制造难度较大。同时，一旦空间机器人模型更改，则需要重新搭建空间机器人实验系统，实验开展的灵活性受到很大限制。

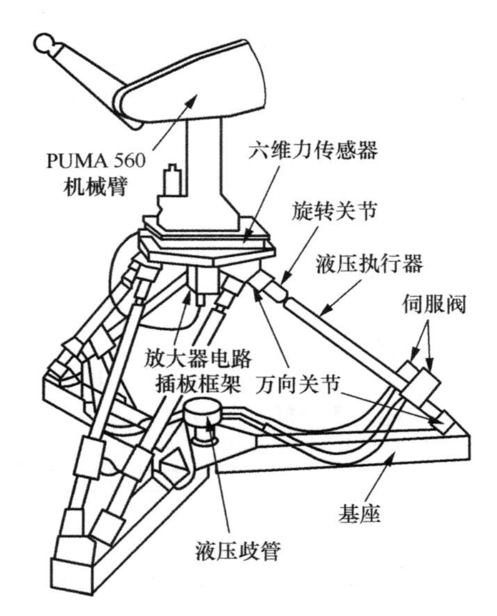

图 5-7 MIT 研制的地面实验系统

5.1.6 空间机器人地面验证系统总结

经过多年的发展，空间机器人地面验证系统已取得了很多成果，为空间机器人技术的发展发挥了重要作用。梳理以上地面实验系统，概括如表 5-1 所示。

表 5-1 空间机器人地面验证系统梳理

架构形式	微重力模拟精度	成本	适用场景	模拟时间	复杂程度	其他
平面气浮实验系统	高	低	二维平面	不受限制	低	—
水浮实验系统	—	极高	三维空间	不受限制	较高	水的阻力和紊流会影响微重力模拟精度
利用自由落体运动的微重力模拟实验系统	高	高	三维空间小型机械臂	短	高	—
利用抛物线运动的微重力模拟实验系统	较高	高	三维空间小型机械臂	较短	高	需考虑航天飞机飞行的安全问题
吊丝配重实验系统	较低	较低	三维空间	不受限制	低	系统占用空间大、绳索所受摩擦力大、绳索柔性和配重块惯性效应等会影响实验结果
硬件在环混合实验系统	—	较高	三维空间	不受限制	高	实验平台需根据空间机器人结构不断调整

| 5.2　空间机器人系统功能/性能测试 |

空间机器人作为一种机电一体化产品，其功能与性能必须满足任务所提的指标要求，以保障空间机器人服役过程的工作效率、稳定性和可靠性。空间机器人系统主要由基座、关节、连杆和末端执行器等部件组成，各部件性能的优劣会影响机器人整体的功能/性能，因此下面针对这几个部件以及系统介绍具体的测试内容。

5.2.1　基座行进能力测试

在深空探测任务中，空间机器人主要执行地外天体表面的大范围探索和样品采集任务，因此基座（移动平台）和机械臂是其重要组成部分。深空探测机器人在不同地形下的行进能力是其重要设计指标，因此需要针对其基座爬坡能力、基座稳定性、基座越障能力等行进能力进行测试。在移动平台的设计中，轮式移动平台以其具有的移动速度快、运动平稳、功耗低等优点成为深空探测机器人的主要选择，故下面将以更为常见的轮式移动平台为例进行介绍。

1. 基座爬坡能力测试

深空探测机器人在星体表面行走时，爬坡是其重要的工作状态，其爬坡性能的高低决定了其对地形的适应能力。基座爬坡能力测试主要可以分为下面几个部分。

① 指定坡度的爬坡能力测试。通过模拟坡道装置对其指定坡度爬坡能力进行测试，深空探测机器人可在指定坡度的坡道完成独立自主的上坡和下坡。

② 模拟星表指定坡度的爬坡能力测试。在松软的模拟星表条件下，测试深空探测机器人在指定坡度下的爬坡能力，以测试深空探测机器人在行星表面的移动能力。

③ 最大爬坡坡度测试。通过人为增加坡道坡度，分别测试在模拟坡道和模拟星表下深空探测机器人能够稳定行进的最大爬坡坡度。

2. 基座稳定性测试

空间机器人基座稳定性测试就是测试其在斜坡上车身会不会倾覆，与地面间会不会有滑移等现象，主要包括纵向稳定性测试和横向稳定性测试。

① 纵向稳定性测试。空间机器人基座纵向稳定是指基座上坡时绕后轴或

下坡时绕前轴不发生倾覆。为保证基座不发生倾覆，则其纵向极限倾斜角必须要大于斜坡角度，而该极限倾斜角与空间机器人重心位置有关。通过受力分析可知空间机器人基座发生倾覆的临界条件是空间机器人基座前轴或者后轴受到的地面支持力为零，因此可通过测试得到空间机器人基座纵向稳定性的斜坡最大倾斜角。

② 横向稳定性测试。空间机器人基座在斜坡上不仅要进行爬坡、下坡运动，还会在坡上进行横向运动，此时需要对其进行横向稳定性测试。测试主要包括抗倾覆稳定性和抗滑移稳定性。空间机器人基座的抗倾覆稳定性指标是指保证基座在坡上行驶时不至倾覆的斜坡最大倾斜角，而抗滑移稳定性指标则是指保证空间机器人在横向坡道上行驶或停放不发生侧滑的最大坡度角，该指标与地面附着条件有关。

3. 基座越障能力测试

由于星球表面存在许多石块等障碍物，深空探测机器人的越障能力也是衡量其行进能力的重要指标。通过设计地面工装模拟不同尺寸、不同形状的障碍物以及不同深度的坑体，测试基座单侧越障、双侧越障和单边越坑、双边越坑的能力。

5.2.2 关节性能测试

关节是实现空间机器人运动的核心部件，作为执行机构的直接驱动者，单关节的性能是空间机器人完成各种作业任务的前提和基础。为保障关节在复杂恶劣空间条件下能够稳定工作的同时满足所要求的性能，需要对空间机器人单关节性能进行测试，主要测试指标包含关节刚度、关节传动误差和关节力矩特性。

1. 关节刚度测试

关节刚度主要影响关节的固有频率，包含由被驱动对象惯量和关节扭转刚度决定的系统固有频率，以及由多个关节轴线相互交叉组成的机械系统的高阶模态频率。由于模态频率影响系统的带宽上限，因而更高刚度的关节能够使机械系统获得更高的伺服性能。

关节的扭转刚度是决定关节输出动态特性的重要指标之一。根据关节结构组成形式的不同，扭转刚度由传力路径上的组件共同决定，如电机扭转刚度、行星传动刚度、谐波减速器刚度、连接法兰扭转刚度等。测量关节刚度时，可保持关节输入端制动，在关节输出端按一定梯度施加力矩载荷，同时记录各载荷对应的输出轴转角，从而得到输出轴转角随负载力矩值变化的规律。

2. 关节传动误差测试

关节传动误差包含传动精度和关节回差 2 类指标。

① 传动精度测试。关节的传动精度是指关节实际运动角度与给定的目标角度之间的差值，包括空载和负载运动精度。通过比较给定的运动曲线和实测的关节角度输出曲线之间的差别，测试关节的传动精度。

② 关节回差测试。关节回差测试可分为输入端测试法和输出端测试法，2种测试方法均可按实际需求加载一定载荷。其中，输入端测试法是让输入轴正、反转动相同角度，测量输出端的首、末位置角度变化量；输出端测试法是在输出端加载正、负扭矩，测量输出轴的角度变化量。

3. 关节力矩特性测试

关节力矩特性是指关节的输出力矩特征，包括额定输出力矩、最大输出力矩、堵转力矩以及制动释放反向驱动力矩等。其中，额定输出力矩是指关节在额定工作状态下提供的最大输出力矩；最大输出力矩是指关节在工作时所能提供的最大力矩；堵转力矩是指保证在稳定温升不超过允许值的情况下使关节电机长期堵转而测得的最大力矩；制动释放反向驱动力矩是指关节电机从制动状态变为释放状态下在输出端施加的能够导致输入端转动的力矩。通过在每种输出力矩工况下，测定对应的转速，以实现对相应力矩特性的测试。

5.2.3　连杆性能测试

空间机器人连杆是连接机器人各部分，使其形成机器人整体的功能部件，需要与其他部件一起承受作用在其上的静力和动力载荷，并尽量保证其他部件具有较好的力学环境条件。在对空间机器人连杆测试过程中，需考虑的载荷主要包括：在地面操作和运输过程中产生的载荷；在发射和着陆过程中产生的加速度、振动、冲击和噪声载荷；空间机器人作业时产生的载荷；由温度交变、真空状态和航天器变轨产生的载荷等。空间机器人连杆需满足在各种载荷的作用下不会破坏，同时还需满足振动基频要求，并保证在载荷的作用下不产生有害变形，因此在发射前需要对空间机器人连杆进行强度/刚度测试和模态分析。

1. 强度/刚度测试

空间机器人连杆主要承受弯曲和扭转载荷，测试中主要分析在这2种载荷下连杆的强度/刚度能否满足要求。对于弯曲强度/刚度测试，可通过对连杆施加水平方向的拉力测量连杆在水平方向的变形，结合连杆的长度可得到施加的转矩和连杆末端的转角，以测试弯曲载荷下空间机器人连杆的强度和刚度；对于扭转强度/刚度测试，可通过在连杆法兰正前方和正后方分别施加大小相同、方向相反的2个力完成扭矩的加载，2个力产生的力矩之和即为加载的力矩，通过测量水平方向连杆的变形，可得到连杆的角度变形，以测试扭转载荷下空间机器人连杆的强度和刚度。

2. 模态分析

模态分析在空间机器人领域应用广泛，可为系统的结构振动特性分析、振动故障诊断与预报以及结构动力特性的优化设计提供依据。根据计算方法不同，模态分析方法有数值模态分析和试验模态分析 2 种[15]。

数值模态分析是采用有限元的计算方法，在计算机上通过数学运算得到理论值。该方法的优点是可在结构设计之初对产品的动态性能进行预测，以便于指导空间机器人结构的设计与优化；缺点是计算复杂、成本较高，且由于部分参数的实际值无法给出，该方法的计算结果只能是一个近似值。

试验模态分析则是采集系统实际的输入与输出信号，识别相应的模态参数并完成数学建模，从而得到系统输入激励与相应的关系。该方法可以根据需求模拟各种实际的外部激励得到各部分响应，也可通过指定动态性能指标反求相应结构参数，因此该方法更为经济、实用。

5.2.4 末端执行器性能测试

根据任务需求不同，不同空间机器人的末端执行器通常具有不同的结构和功能，因此需设计专用的测试平台对末端执行器性能进行测试。末端执行器的性能指标主要有末端执行器与目标的组合体间的连接刚度、操作容差、操作力和操作时间等，其中连接刚度这一指标通过专用的连接刚度测试平台进行测试，其他指标则通过地面模拟测试平台进行测试。地面模拟测试平台主要有多自由度机械臂测试平台和并联机构测试平台 2 种，既可以模拟末端执行器与被操作目标的位姿关系，也可以施加多个自由度上的力/力矩载荷，从而实现对末端操作容差、操作力和操作时间等性能指标的测试。

1. 连接刚度测试平台

连接刚度测试平台上一端固定末端执行器与目标的组合体，另一端连接加载工装梁，通过该工装梁对组合体分别施加 6 个方向的载荷，并在组合体的两端合理布置位移测量设备，测得组合体在不同加载状态下的变形，根据施加的载荷以及相应的变形计算得出末端执行器与目标的组合体间的连接刚度。

2. 多自由度机械臂测试平台

多自由度机械臂测试平台由 2 个多自由度机械臂、六维力传感器、末端执行器以及操作目标等部分组成，末端执行器和操作目标通过六维力传感器与机械臂连接。其中，与末端执行器连接的机械臂用于模拟空间机器人基座的运动特性，与目标连接的机械臂用于模拟空间被操作目标的质量、运动特性等。末端执行器对目标进行操作时，与末端执行器连接的机械臂根据六维力检测到的动态力，实时模拟空间机器人在负载条件下的在轨运动，同时固定目标的机械臂根据检测到的动态力，模拟目标在受迫条件下的在轨运动，通过半物理仿真实验可测得末端执行性能指标。该测试系统具有仿真操作空间大、系统控制简单等优点。

3. 并联机构测试平台

并联机构测试平台由 2 套并联机构、六维力传感器、末端执行器以及操作目标等组成。末端执行器和目标通过六维力传感器分别与并联机构连接，与末端连接的并联机构用于模拟空间机器人的运动特性，与目标连接的并联机构用于模拟空间真实目标的质量、运动特性等。末端执行器对目标进行操作时，末端执行器连接的并联机构根据操作力实时模拟空间机器人负载条件下的在轨运动，同时固定目标的并联机构根据反作用力模拟目标受迫条件下的在轨运动，通过半物理仿真实验可测得末端执行性能指标。该测试系统具有连接刚度大、动态响应速度快等优点。

5.2.5　系统运动性能测试

受到空间环境的限制，空间机器人运动性能测试实际是在地面环境或者地面模拟环境中验证空间机器人能否满足基本的运动性能指标要求的，因此其测试指标与地面工业机器人基本一致。

国内外学者、研究机构和标准化组织针对机器人运动性能测试开展了大量的研究工作，制定了机器人运动性能规范与测试方法方面的标准。为充分测试空间机器人的运动性能能否满足实际任务要求，测试要在空载、50%额定负载和额定负载 3 种不同工况下进行，保证其位姿特性及轨迹特性均满足设计要求，测试内容通常包含以下几部分[16]。

1. 位姿准确度及重复性

位姿准确度指期望位姿与从同一方向接近该期望位姿时的实际位姿平均值之间的偏差，而位姿重复性是指对同一期望位姿从同一方向重复相应几次后实际位姿的一致程度。结合空间机器人实际任务特点，在空间机器人工作空间内设定测试位姿点，驱动末端中心或工具中心从起始构型到达各测试点，测得实际位姿数据，计算得到在额定负载条件下的末端位姿准确度及重复性。

2. 多方向位姿准确度

多方向位姿准确度表示从 3 个互相垂直方向对相同期望位姿响应几次时，各平均实际位姿间的偏差。结合空间机器人实际任务特点，在空间机器人工作空间内设定测试位姿点，驱动末端中心或工具中心分别沿基座坐标系轴线的 3

个方向到达各测试点，测得实际位姿数据，计算得到空间机器人在额定负载条件下的末端多方向位姿准确度。

3. 位姿稳定时间和位姿超调量

位姿稳定时间是衡量空间机器人停止在实际位姿的快慢程度，位姿超调量则是衡量空间机器人平稳、准确地停止在实际位姿的能力。在空间机器人工作空间内先设定多个测试位姿点，再驱动末端中心或工具中心依次运动到各测试位姿点，测得空间机器人位姿稳定所需的时间和超调量。

4. 位姿准确度漂移

在空间机器人工作空间内设定 2 个测试位姿点，驱动末端中心或工具中心在 2 个测试位姿点之间多次运动，在指定时间内位姿准确度变化的最大值即为位姿准确度漂移。该指标主要测试空间机器人的位姿准确度受工作时间的影响，通常需要进行长时间测试，通过在测试期间均匀选取测试时间点，分别测量并计算相应的位姿准确度及重复性，进而得到其位姿准确度漂移。

5. 轨迹准确度及重复性

轨迹准确度指空间机器人在同一方向上沿期望轨迹运动，在位置和姿态上沿实际轨迹的最大轨迹偏差。而轨迹重复性则是指空间机器人沿同一期望轨迹重复运动几次时所得实际轨迹的一致程度。结合空间机器人实际任务特点，在空间机器人工作空间内选定 1 条测试轨迹，驱动空间机器人在基准速度下沿轨迹运动，重复测试多次，就可计算得到空间机器人轨迹准确度及重复性。

6. 静态柔顺性

静态柔顺性是指末端执行器在单位负载作用下的最大位移。静态柔顺性是在驱动系统通电、制动器松开的条件下进行测量的，测试时通过末端执行器坐标系的原点，沿平行于基座坐标系坐标轴的方向，以 10%额定负载的增量施加力于末端执行器，直至达到额定负载，然后再沿反向加载至额定负载。该部分测试应针对基座坐标系 3 个坐标轴的正、负方向进行测量，记录 3 个坐标轴方向不同负载下末端执行器的位移量，通过计算测量的平均值，得到机器人静态柔顺性。

5.3 空间机器人环境适应性测试

空间机器人环境适应性指机器人服役过程中在综合环境因素作用下能实现所有预定的性能和功能且不被破坏的能力，是其对环境适应能力的具体体现。

为验证空间机器人能够在规定的环境条件下实现预定的功能并满足预期的性能指标，需对其进行环境适应性测试。空间机器人环境适应性测试主要包含空间环境（包括真空放电、静电放电、辐照、原子氧、空间碎片）适应性测试、力学环境（包括加速度、冲击、正弦振动、随机振动、微振动、声）适应性测试和热环境（包括热平衡、热真空、高/低温存储）适应性测试。

5.3.1 空间环境适应性测试

空间机器人所处的空间环境会对机器人产生包含真空放电、紫外辐射、原子氧在内的空间环境效应，使其材料性能发生改变，从而影响空间机器人的运行状态。为了保证空间机器人能正常开展任务，在工程应用之前需开展包括电磁辐射测试和原子氧环境测试的空间机器人空间环境适应性测试。

① 电磁辐射测试。电磁辐射会影响空间机器人材料的光学性能、热性能、力学性能和导电性能[17]。空间机器人电磁辐射测试是模拟真实空间电磁辐射环境（包括带电质子、重离子、太阳紫外线），测试空间机器人材料性能变化情况。

② 原子氧环境测试。原子氧环境会对空间机器人材料表面产生反应，在材料表面形成氧化物，从而导致材料表面形貌发生变化以及空间机器人内部放气速度加快、质量损失率增加、机械强度下降以及光学与电性能改变等情况[18]。原子氧环境测试是模拟空间机器人材料受到原子氧的侵蚀效应，测试其性能变化情况。

5.3.2 力学环境适应性测试

空间机器人随航天器飞行需要经历发射阶段、在轨阶段、下降阶段等。为了保证空间机器人在经历各飞行阶段后仍能正常开展任务，在研制阶段需开展包括振动测试和冲击与碰撞测试的空间机器人力学环境适应性测试。

① 振动测试。振动主要来源于航天器飞行时的气动力激励和发动机的振动激励，对空间机器人的影响主要表现在紧固件的松动、密封失效出现裂纹和断裂、带电元件间接触和短路、导线摩擦等，并且由振动引起的应力累积结果在其他空间环境的共同作用下会影响空间机器人的性能。振动测试是常见的力学环境测试，目的是确定测试样品在发射阶段和在轨阶段经受谐波形式振动或随机振动等条件下出现的机械薄弱环节和性能下降情况。

② 冲击与碰撞测试。冲击与碰撞对空间机器人的影响主要表现在材料疲劳、电性能损伤、结构松动和零部件磨损等方面[19]。冲击与碰撞测试的目的是模拟设备和元器件在发射阶段与在轨阶段受到重复性与非重复性机械冲击的效

应，揭示其机械薄弱环节和性能下降情况。

5.3.3 热环境适应性测试

为保证空间机器人及其部（组）件在真空/大气、高低温环境下的工作性能，在其研制阶段需开展包括热平衡测试和热真空测试的空间机器人热环境适应性测试。

① 热平衡测试。空间机器人热平衡测试是在模拟空间热环境条件下，验证空间机器人热分析模型和热设计的正确性、考核热控系统的功能。热平衡测试一般分为整体和部件 2 个级别，其作用主要有：验证空间机器人热设计及热控实施的正确性和有效性；验证热分析结果的正确性，并为热分析模型修正提供数据；为热真空测试提供边界温度；考核热控产品的工作性能。

② 热真空测试。高真空度会导致有机材料的放气，改变材料成分以及影响表面和内部构造，导致材料损伤和性能下降，还可能会在其他器件的光学表面产生污染，造成其他设备的性能下降，对整个空间机器人的可靠性造成威胁[20]。空间机器人热真空测试是模拟真实在轨运行环境的温度、真空环境、极端高低温以及主要温度工作点等条件进行的循环测试，目的是验证空间机器人及其组件的功能和性能[21]。

一般情况下，环境适应性测试对机器人施加的是单一环境，如需要也可施加综合环境、特种环境等。在环境适应性测试前后以及测试过程中，应对空间机器人的功能/性能进行测试，并将测试结果是否符合指标要求作为环境适应性评估的判据。通常为了测试空间机器人的功能/性能指标，可以采用地面测试设备进行模拟机器人工作模式，测试其在不同工作模式下的性能。若同时考虑在轨真空、高低温环境，则需将相应的地面测试设备放置在真空、高低温模拟设备中，若地面测试设备过大，对模拟设备要求也大，难以实现，为此需综合分析空间机构特点，对测试进行简化，使得测试可以实施。

| 5.4 小结 |

空间机器人测试是其工程投入使用之前的重要环节，通过测试其功能/性能是否满足要求，并评估其是否适应特殊应用环境，对于优化和改进空间机器人具有非常重要的意义。受限于现有地面验证系统以及相关技术，未来亟待开发能模拟实际空间环境的地面验证系统并研究有效的验证技术，以全面评估与测试空间机器人的性能，使得空间机器人能够满足应用需求，并延长其服役寿命，保障空间探索任务可靠完成。

参考文献

[1] RYBUS T, SEWERYN K. Planar air-bearing microgravity simulators: review of applications, existing solutions and design parameters[J]. Acta Astronautica, 2016, 120: 239-259.

[2] JAIRALA J C, DURKIN R, MARAK R J, et al. Extravehicular activity development and verification testing at NASA's neutral buoyancy laboratory[C]//42nd International Conference on Environmental System. Reston, VA: AIAA, 2012: 1-18.

[3] RODERICK S, ROBERTS B, ATKINS E, et al. The ranger robotic satellite servicer and its autonomous software-based safety system[J]. IEEE Intelligent Systems, 2004, 19(5): 12-19.

[4] DIDOT F, SCHOONEJANS P, PENSAVALLE E, et al. Eurobot underwater model control system overview & tests results[C]// 2008 Data Systems in Aerospace. Paris: ESA, 2008, 665: 1-5.

[5] 徐文福，梁斌，李成，等. 空间机器人微重力模拟实验系统研究综述[J]. 机器人，2009, 31(1): 88-96.

[6] SAWADA H, UI K, MORI M, et al. Micro-gravity experiment of a space robotic arm using parabolic flight[J]. Advanced Robotics, 2004, 18(3): 247-267.

[7] STAMM S, MOTAGHEDI P. Orbital express capture system: concept to reality[C]// Spacecraft Platforms and Infrastructure. Bellingham, WA: SPIE, 2004, 5419: 78-91.

[8] LIU J Y, HUANG Q, WANG Y B, et al. A method of ground verification for energy optimization in trajectory planning for six DOF space manipulator[C]//2015 International Conference on Fluid Power and Mechatronics. Piscataway, USA: IEEE, 2015: 791-796.

[9] MENON C, BUSOLO S, COCUZZA S, et al. Issues and solutions for testing free-flying robots[J]. Acta Astronautica, 2007, 60(12): 957-965.

[10] BROWN H B, DOLAN J M. A novel gravity compensation system for space robots[C]// ASCE Specialty Conference on Robotics for Challenging Environments.

Restonon, VA: AIAA, 1994: 250-258.

[11] SATO Y, EJIRI A, IIDA Y, et al. Micro-G emulation system using constant-tension suspension for a space manipulator[C]//1991 IEEE International Conference on Robotics and Automation. Piscataway, USA: IEEE, 1991: 1893-1900.

[12] MENON C, ABOUNDAN A, COCUZZA S, et al. Self-balancing free flying 3D underactuated robot for zero-g object capture[C]//54th International Astronautical Congress of the International Astronautical Federation, the International Academy of Astronautics, and the International Institute of Space Law. Reston, VA: AIAA, 2003: 1-11.

[13] DUBOWSKY S, DURFEE W, CORRIGAN T, et al. A laboratory test bed for space robotics: the VES II[C]// IEEE/RSJ International Conference on Intelligent Robots and Systems. Piscataway, USA: IEEE, 1994: 1562-1569.

[14] AGRAWAL S K, HIRZINGER G, LANDZETTEL K, et al. A new laboratory simulator for study of motion of free-floating robots relative to space targets[J]. IEEE Transactions on Robotics and Automation, 1996, 12(4): 627-33.

[15] 梁君，赵登峰. 模态分析方法综述[J]. 现代制造工程，2006, 8: 139-141.

[16] 中国国家标准化管理委员会. GB/T 12642—2013 工业机器人性能规范及其试验方法[S]. 北京：中国标准出版社，2014.

[17] 冯伟泉. 航天器材料空间环境适应性评价与认定准则研究[J]. 航天器环境工程，2010, 27(2): 139-143.

[18] 张岚，刘勇，董尚利，等. 原子氧对航天材料的影响与防护[J]. 航天器环境工程，2012, 29(2): 185-190.

[19] 戴宜乐. 环境适应性试验项目的选择[J]. 环境技术, 2012, 30(3): 34-38.

[20] 陈军,王巍,李晶. 热真空环境对常用胶接材料性能的影响[J]. 宇航材料工艺,2012, 42(6): 92-96.

[21] 陈志，汪杰君，胡亚东，等. 星载多型号光电探测器热真空环境试验研究[J]. 红外技术，2020, 42(9): 823-828.

第6章 空间机器人未来展望

随着人类空间探索活动的不断深入，在轨服务任务的规模和复杂程度不断增加，同时深空探测任务逐渐成为世界各国深入研究的热点。空间机器人由于工作能力强、灵活性高，成为保证空间探索任务安全、高效完成的重要装备。本章首先阐述空间机器人对人类社会的影响，然后结合空间环境和探索任务的特点分析空间机器人应用所面临的挑战，进一步指出空间机器人发展趋势，最后介绍了空间机器人技术未来研究的热点。

| 6.1 空间机器人对人类社会的影响 |

空间机器人已经广泛应用于空间探索活动，通过辅助开展空间站建造与运维、卫星组装与服务、空间科学实验等任务，对人类的经济、科技和产业等方面产生了巨大的影响。

空间机器人是卫星应用、太空农业、太空工业、太空能源等领域的重要技术装备，有助于推动国家社会经济与科学研究水平的发展。例如，空间机器人可以在轨搭建太阳能帆板、无线通信设备等空间架构，提供跨越空间的全球通信、导航定位、目标监控等功能，广泛应用于海陆空交通运输、抢险救灾、工农业建设和生产、安全防盗等领域；空间机器人可辅助探测深空环境，寻找适宜人类居住的星球，以解决当今人类面临的可持续发展问题；空间机器人可建设空间实验室，用于太空生物培养、特殊材料生产与试验等科学研究。

空间机器人的兴起和发展，为基础学科及尖端技术的发展提供了强大推动力。空间机器人为人类对宇宙空间自然现象及其规律的认识与研究提供了可持续发展的条件，对空间科学的发展起到了重要的支撑作用，推动了应用数学、物理学、微重力科学、微电子学、信息学、材料学等基础学科的发展。同时，在以空间机器人为核心装备的航天产业链延伸过程中，通过与各产业尤其是当代电子、信息、生物、能源和材料等高技术产业的相互交叉、融合和集成，不断衍生出新型技术，并促进了一些新的学科分支的繁衍。

空间机器人推动了产业的升级与技术进步。空间机器人是高度集成装备，需要机械、电子、材料、能源、通信、信息等产业发展的支持，并通过技术发展的“需求效应”，对上述行业形成强烈有效的激励和带动作用，推动基础产业的发展；空间机器人独有的设计、生产、试验等核心技术与能力，通过成果转移的方式，广泛而迅速地在其他技术领域获得推广和拓展应用，可直接带动相关产业技术进步和产业升级。通过发展空间机器人应用产业，能够不断促进传统产业的结构调整、升级改造，使其能够充分利用现代信息技术成果，向知识密集型产业转变，从而极大地提高生产效率和社会经济效益。

6.2　空间机器人应用挑战

随着空间探测任务的飞速发展，空间机器人具有广泛的应用前景。然而，考虑空间环境、空间任务和空间机器人自身结构等因素，空间机器人应用过程仍存在不少挑战，主要表现在空间机器人应用环境适应性、空间机器人多任务适应性以及空间机器人高可靠服役。

6.2.1　空间机器人应用环境适应性

空间机器人应用环境包含空间环境和力学环境。空间环境是空间机器人长期服役中需要重点考虑的影响因素，其特点主要表现在以下几点。

① 空间环境的温差大，例如，火星赤道表面的温度差高达 100℃，月球表面的温度差高达 310℃，导致地面应用的电池、材料和润滑剂难以适用。

② 空间环境的辐射强，在无大气和地球磁场屏蔽的情况下，导致机械和电子部件难以完全抵抗不同的辐射效应。

③ 空间环境与地球大气环境差异大，常接近真空状态，导致许多材料的物理性能在低压的环境中发生改变。

④ 空间机器人的操作环境到地面基站的距离远，导致信号传播时间较长，难以满足实时操作与通信的需求[1]。

力学环境可分为发射阶段、下降阶段、在轨阶段的力学环境。其中，发射阶段和下降阶段的力学环境包含振动、声、冲击、气动载荷等力学现象，具有幅值高、频带宽、时间和空间分布随机的特点，主要影响空间机器人结构、电子元器件以及相关

总装工艺等；在轨阶段的力学环境包含在轨的各种微振动力学现象，具有幅值小、频带相对较窄的特点，主要影响关键仪器设备（如光学相机、天线）的工作性能[2]。

空间环境与力学环境的特殊性使得空间机器人应用面临诸多工程问题，一旦出现空间机器人对某一环境因素的不适应，就会对其结构、材料产生影响，无法实现空间机器人预期的性能和功能，引发空间机器人长期服役过程的可靠性与安全性问题。因此，如何在设计、研制、试验等阶段提高与保证空间机器人对应用环境的适应性，以可靠完成操作任务和延长系统寿命是一项长期的挑战。

6.2.2 空间机器人多任务适应性

随着空间探索领域的不断深入，空间任务趋于多样化、复杂化和集成化。考虑执行任务特点，空间机器人主要面临以下问题。

① 空间机器人需要根据不同的操作目标及任务需求配置相应的末端执行器，例如，在抓取非合作目标时，选取欠驱动三指式末端执行器；在抓取装有捕获接口的合作目标时，选取钢丝绳缠绕式末端执行器。

② 针对桁架搬运、模块装配等空间任务，往往难以由单个空间机器人完成，而需要由多个空间机器人进行协同操作。

③ 考虑环境的多变性、操作的时效性等因素，依赖空间机器人遥操作技术难以满足任务及时性需求，需要空间机器人具备自主性、智能性。

这些问题的出现要求空间机器人需要具备多方面的功能以适应多类任务的需求，以节约资源并提高任务操作效率。因此，如何通过优化配置空间机器人功能，以适应多任务需求是一项重要挑战。

6.2.3 空间机器人高可靠服役

空间机器人是由机械、电子、控制等构成的复杂系统，具体包含机械硬件、集成电路、传感系统、控制程序等模块。其中，机械硬件包含关节、执行器等组件，是空间机器人执行操作任务的基础。传感系统包含视觉、力觉等多种传感器，几乎分布在空间机器人各个组件中，是空间机器人感知内部与外界信息的核心。由此可见，空间机器人是模块高度关联的系统，其内部任何模块的状态均会影响其他模块的运行，进而影响空间机器人整体运行的可靠性。

在实际应用中，运动副间隙、配合尺寸、关节摩擦等关键参数动态变化，制约了空间机器人操作精度的提升。另外，受空间微重力、强辐射、剧烈温变等影响，空间机器人结构材料的强度、刚度等逐步降低，电子元器件的电阻、电容特性等发生改变，导致空间机器人性能逐渐退化。这些因素都将导致空间机器人因局部问题而呈现整体运行状态不佳的情况，从而威胁空间机器人的长期可靠服役，影响其使用寿命。因此，如何提高空间机器人的可靠性，进而保障空间操作任务的顺利开展并延长空间机器人寿命是一项重要的挑战。

6.3　空间机器人发展趋势

6.3.1　智能化空间机器人

现阶段，空间机器人操作任务对象大多为合作目标。然而，由于空间操作任务不断多样化和复杂化，操作对象往往处于非合作或未知状态。空间机器人如不能自主完成任务（仍需依赖遥操作技术加以辅助），这势必存在效率低下、任务难以完成等问题。为此，亟需加强空间机器人智能化的研究。

近年来人工智能技术快速发展，一些学者将强化学习方法应用于机器人的感知、规划和控制领域中，在提升机器人智能化程度上取得了丰富的成果。为了实现空间机器人对非结构化环境的感知与理解、自主执行面向非合作或未知目标的精细操作任务，将人工智能与空间操作相结合，赋予空间机器人自主学习能力，实现空间机器人的自主操作，是满足未来复杂、精细空间操作任务的一个必然发展方向[3]。

目前，智能化空间机器人的研究中，仍存在以下问题。

（1）小样本数据训练问题。深度学习本质是一种数据驱动的方法，要训练高质量的神经网络，需要有庞大且高质量的样本数据集。然而，天地数据传输成本高，真实数据获取困难，数量非常有限，且地面很难模拟出真实的空间环境。

（2）奖励函数塑形难度大。利用强化学习训练机器人的关键之一是奖励函数设计问题。奖励函数指导着训练的方向，需要结合机器人实际的运动进行设计，其设计的好坏直接影响到学习的快慢甚至成败。然而空间机器人大多具有基座漂浮的特点，相比传统地面机器人运动特性更加复杂，使得依赖机器人运动的奖励函数的设计更加困难。

（3）宇航级深度学习在推断阶段硬件实现复杂。受环境辐射等因素影响，当前空间计算设备运算、存储能力受到了很大限制，而深度学习模型参数量巨大，需要占用较多的运算和储存资源。同时，当前地面的专用推断硬件不满足

宇航级设计标准，难以保证在空间环境中运算结果的鲁棒性。

6.3.2 模块化空间机器人

空间探测任务的复杂性对空间机器人的结构与功能提出了严格的要求，如航天器发射成本与载荷的正相关性要求机器人结构轻量化，且具有一定的紧凑性，以便于压缩或打包至发射单元；空间探测任务的复杂多样性要求机器人具有多功能性，以及对未知的环境具有一定的适应性等。现阶段空间机器人按照既定任务来设计硬件和软件，因而灵活性和适应性不强，可完成的任务内容十分有限。

模块化机器人最早由 Fukuda 等人于 1988 年提出，其能根据需求重构为不同构型[4]。与传统空间机器人相比，模块化空间机器人具有如下特点：复杂多变、操作尺度不一的多任务和未知任务处理能力；节约发射体积与发射次数，降低成本；可对性能降低或损坏的模块进行在轨替换，延长系统的使用寿命。故而根据环境和任务改变拓扑结构或末端执行器的模块化是空间机器人未来发展趋势之一。

目前，模块化空间机器人的发展还需重点解决以下问题。

（1）模块间的通用机电接口设计。模块化空间机器人的各模块间由通用的机械和电气接口连接，为满足模块化机器人拼装组合的需求，模块需具备稳定可靠的机电连接接口。

（2）高效的自动建模技术。模块化空间机器人的构型可随任务和环境的不同而改变，各模块间的连接关系、运动学和动力学模型应随之改变，故要求机器人的数学模型可自动建立；同时考虑空间执行任务高效性需求，机器人自动建模也应具备快速性。

（3）构型设计与优化。模块化空间机器人的构型是多种类型模块单元的组合，对构型的优化则需要根据任务与环境需求从构型空间中选择最优模块的单元组合与连接方式。

（4）模块化机器人标准制定。在空间模块化机器人广泛应用之前，及时制定模块化技术标准和机器人操作标准，以保障技术通用性和可推广性，促进技术可持续发展。

6.3.3 空间多机器人系统

空间机器人逐渐被用于执行一系列复杂、高危的操作任务，如故障部件在轨更换、消耗载荷补充、轨道碎片清理、轨道转移等。但由于单机器人系统工作能力有限，难以顺利完成某些更加复杂的操作任务，如数量巨大、轨道分散

的失效卫星等大型碎片的清除。此时，如果可以同时利用多个空间机器人系统，使其协同完成复杂操作任务，将会大大提高任务执行效率。

相对于单机器人系统而言，空间多机器人系统具备以下优点：适应更加复杂多变的动态环境，对环境中的干扰和机器人故障具备更好的鲁棒性；通过多个结构简单、成本较低的机器人协作，能够达到甚至超越成本高昂的单机器人所能产生的效果；多个机器人之间能够并行执行更加复杂的分布式任务，效率更高。因此，空间多机器人系统是空间机器人技术的未来发展趋势之一。

目前，空间多机器人系统的发展还需重点解决以下问题。

（1）多机器人动力学建模。动力学模型是机器人规划控制的基础，而多机器人系统中基座与机器人间、机器人与机器人间的耦合关系复杂，当执行任务时，机器人与操作对象之间形成封闭链，加大了动力学建模的复杂程度。

（2）多机器人协同运动规划。相对于空间单机器人运动规划，多机器人运动规划重点考虑以下几点：①机器人团队存在更多约束，例如，需要保持一定队形，或者需要满足运动的先后顺序约束；②多机器人团队内部存在规划冲突问题，即在执行规划运动过程中两机器人可能在同一时刻到达同一位置，导致碰撞；③空间机器人可能存在基座可控或基座漂浮的状态，故关于多机器人的协同规划还需要考虑基座运动所带来的影响。

（3）多机器人协同避障。空间环境复杂多变，多机器人协同操作过程中，使多机器人在充满障碍物的环境中自主且不发生碰撞地协同操作，是保证安全操作的基础。多机器人任务环境并不是简单的单机器人任务环境的叠加，在多机器人任务中往往要求多个机器人之间相互配合完成，这使得多机器人避障中对多机器人之间的配合提出了较高的要求。

6.3.4　软体空间机器人

传统的刚性机器人在空间探索中已得到广泛应用，然而，由于其结构笨重且柔软性差，刚性机器人执行任务过程中常面临着以下问题：①难以适应狭窄、凹凸不平等复杂空间环境；②与非合作目标的交互难度大；③与目标接触过程容易产生较大的碰撞力与振动。为此，一些学者开始关注和研究具有很大的弯曲和变形能力的软体空间机器人[5-6]。

软体空间机器人具有灵活和安全的特点，可以适应狭窄、多障碍等非结构环境。一方面软体空间机器人可以任意切换运动模式，灵活地完成不同的操作任务，例如，进入不同狭小空间并操作螺丝等任务；另一方面利用软体空间机器人辅助交会对接任务，可以有效吸收碰撞所产生的冲击力，减缓航天器之

间的振动，从而提升航天器系统的安全性。因此利用软体空间机器人来执行空间任务具有非常广泛的应用前景，是机器人技术的未来发展趋势之一。

目前，软体空间机器人的发展还需重点解决以下问题。

（1）可靠性软体驱动器的开发。为了适应温差大、强辐射等恶劣的空间环境，软体空间机器人的驱动器需要具有高可靠性、高柔软性的特点。

（2）活性软质材料研发。软体空间机器人具有类似软体生物的机械与力学结构特性，为此需要研制新型活性软质材料，使其在不同方向、不同范围压力作用下具有特定的机械与力学特性，满足运动灵活、安全操作的需求。

（3）软体控制技术。软体机器人具有结构与材料强非线性、自由度无限等特点，考虑到其实际驱动器的个数有限，对其进行精确实时控制是一个有挑战性的工作。因此如何利用有限维模型描述软体机构无限维模型，并在此基础上建立等效的控制方法是软体空间机器人运动控制中需要着重考虑的问题[7]。

6.3.5 共融空间机器人

近年来，共融机器人成为一个热门的话题，它是一类通过与周围复杂环境协同、与人类合作交互、机器人内部之间沟通协作，实现智能决策及灵巧作业的智能化机器人。它具有 3 种融合方式：①共融机器人与环境的融合。共融机器人具备对复杂多变环境的感知、理解及快速反馈的能力，并能实现自主路径规划与避障，进而在可变环境中保持高效作业；②共融机器人与人的融合。共融机器人采用先进的控制算法与感知技术，可实现在动态环境下与人近距离接触，在意识与行为上协调一致，相互合作完成指定任务；③共融机器人之间的融合。共融机器人具备感知、认知、决策、深度学习、协同等能力，共融机器人之间相互协调可完成更加复杂的工作[8]。考虑到空间机器人所处的空间环境复杂且具有不确定性、通信延迟大且数据传速率低、信息不完备且天地互动决策难、多机器人协同控制与信息融合难等一系列关键难题，共融机器人将成为解决空间探索问题的可行方案。

未来共融空间机器人的发展还需重点解决以下问题。

（1）感知与理解技术。共融空间机器人需具备对复杂的空间环境的准确、实时感知能力，同时能快速响应并能理解环境，从而为进一步控制机器人行为提供依据。

（2）多模态交互与机器人自主学习技术。共融机器人能获取视觉、听觉、触觉等多模态信息以及人体生理电信号频谱特征，以准确学习和理解人体行为意图，进一步实现人机互动协作。

（3）机器人群体智能协作技术。探索自主个体互动及感知决策信息的传播机理，建立群体认知和互动协作的模型及方法，实现群体协作控制。

6.4　空间机器人技术未来研究热点

现阶段空间机器人的发展趋势有 2 个突出特点：一个是空间机器人将更加自主和灵活，以应对复杂的环境和操作任务；另一个是空间机器人将更加可靠，以保证其能长期有效运行。结合近年来空间机器人国内外研究进展，本节将对空间机器人技术的各个热点进行简要介绍。

6.4.1　多信息融合感知技术

人类在认知外界事物的时候，大脑会综合 5 种感觉器官获取的信息进行理解和判断。而现阶段空间机器人配备的各类传感器往往是独立使用，控制系统对传感器获取的多源信息难以综合利用，使其感知能力受到极大的限制。为此，研究人员提出要通过融合多源信息来提升空间机器人的感知能力。多信息融合感知技术是对人脑综合处理复杂问题的一种较全面的高水平模仿，是一种仿人的智能化信息处理过程，其本质就是充分利用多个传感器资源，通过对这些传感器的合理支配和使用，把多个传感器在空间或时间上的互补信息依据某种准则进行组合和推理，以获得对被测对象的一致性解释或描述。通过多信息融合感知技术处理后的信息具备了冗余性、互补性、实时性、信息获取低成本性等特征，因此比各单传感器的性能更优越。

考虑空间机器人对外界环境感知的具体需求，多信息融合感知技术包含以下 3 个方面的具体关键技术[9]。

（1）数据层融合。它是初级的信息融合，也是最早被使用的多信息融合方式，最大程度地保留了原始数据详细信息，但是该方法计算量大、抗干扰能力差。

（2）特征层融合。它是中间级别的信息融合，其从原始数据中提取特征，保留有效信息，可消除噪声和冗余信息，并对特征进行分类和匹配，在抗干扰和细节保存方面具有良好的效果。

（3）决策层融合。它是目前最高级别的信息融合，其在检测到每个传感器的数据之后，可得出一致的最优值，对传感器性能的依赖性较小，抗干扰能力强，但会造成严重信息丢失，故需进行大量数据预处理。

6.4.2 智能规划与决策技术

由于空间环境复杂多变、天地通信大时延，地面控制中心无法全程实时掌握空间机器人的运行状态，从而导致机器人无法完全按照地面控制中心规划执行一些复杂空间任务。因而，空间机器人需能够根据当前状态和目标任务自主做出实时的智能规划调整与决策，实现全过程的智能控制。此外，当空间任务需要多机器人协同操作时，如果每个机器人单元都由地面控制中心分别规划与决策，将会严重影响任务执行效率，故必须依靠多智能体间的智能规划与决策才能实现任务的高效执行。

综合考虑环境复杂多变、任务特定需求等因素，智能规划与决策控制技术主要解决以下关键技术问题。

（1）基于经验知识库的全局规划技术。综合考虑空间机器人执行任务过程中需要满足的资源约束、时间约束、环境不确定等约束因素，设计智能规划与决策方法，形成全局认知知识库。

（2）基于约束环境的实时智能规划与决策技术。基于约束环境的实时智能规划与决策控制策略调整方法，引入深度学习、强化学习等人工智能技术，设计可适应不同任务场景的实时智能规划和决策控制方法。

（3）多智能体协同任务的集群智能规划与控制技术。针对不同类型的复杂任务及空间机器人，设计分布式的规划与控制算法，以完成复杂的决策与控制任务。

6.4.3 人机交互技术

非结构化的空间环境对航天员的实地探索造成了极大的安全威胁，同时，完全自主的智能机器人难以在短期内实现，因此遥操作仍是现阶段空间机器人执行空间操作任务的主要技术手段。但是由于太空和地面存在巨大的距离差，地面人员无法直接观察到太空中的环境，从而无法保证安全操作。为了提升空间机器人系统在非结构化环境下的操作安全性和效率，解决天地通信大时延问题对空间机器人系统操控的影响，增强操控人员的态势感知能力，一些学者提出了空间机器人人机交互技术。

为解决遥操作中大时延带来的操作安全与效率问题，空间机器人人机交互技术可从以下几方面来实现[10]。

（1）基于穿戴的人机协同交互技术。为了弥补现阶段的空间机器人智能和决策能力，需要将人的控制意图不受时空约束地传递给空间机器人，同时能够将空间机器人及环境信息以图像、声音、触觉等各种形式向操作人员表达，以提高空间机器人执行操作任务的可靠性。

（2）增强现实技术、介入现实技术和虚拟现实技术相结合。为了构建更加真实的虚拟环境，需要将增强现实技术、介入现实技术与虚拟现实技术结合，实现传递信息量与表现信息所需资源的减少，构建的虚拟环境更加契合实际环境。

（3）多通道的信息融合技术。为了实现多信息融合技术的突破，需要突破信息理解和输入/输出技术的瓶颈制约，利用多通道技术进行信息并行输入/输出融合，以扩大信息输入/输出效率和增进人机交互的自然性。

6.5　小结

随着航天事业的不断发展，空间机器人成为辅助甚至替代人类执行空间探索任务必不可少的智能装备。空间机器人不但保障了空间探索任务的顺利进行，同时推动了国家社会经济与科学研究水平的发展。空间机器人设计及实物研制、系统功能/性能测试与评估以及实际应用过程中的规划与控制等关键技术，均是空间机器人长期可靠服役的重要保障。但受限于空间环境复杂、操作任务频繁等因素，空间机器人应用仍面临着许多挑战。而随着人工智能、增强现实、大数据、云计算等前沿技术的涌现，许多新思想、新技术将不断被引入空间机器人的实际应用中，为空间机器人的发展带来新的机遇。

参考文献

[1] SCHWENDNER J, KIRCHNER F. Space robotics: an overview of challenges, applications and technologies[J]. Ki-Künstliche Intelligenz, 2014, 28: 71-76.

[2] 韩增尧，邹元杰，朱卫红，等. 航天器力学环境分析与试验技术研究进展[J]. 中国科学:物理学 力学 天文学，2019, 49(2): 2-18.

[3] 解永春，王勇，陈奥，等. 基于学习的空间机器人在轨服务操作技术[J]. 空间控制技术与应用，2019, 45(4): 25-37.

[4] FUKUDA T, NAKAGAWA S. Dynamically reconfigurable robotic system[C]//1988 IEEE International Conference on Robotics and Automation. Piscataway, USA: IEEE,

1988: 1581-1586.

[5] 岳晓奎，张滕. 在轨服务软体机器人应用展望[J]. 飞控与探测，2020, 3(1): 1-7.

[6] Jing ZL, Qiao LF, Pan H, et al. An overview of the configuration and manipulation of soft robotics for on-orbit servicing[J]. Science China(Information Sciences), 2017, 60(5): 6-24.

[7] 何斌，王志鹏，唐海峰. 软体机器人研究综述[J]. 同济大学学报(自然科学版)，2014, 42(10): 1596-1603.

[8] 王志军，刘璐，李占贤. 共融机器人综述及展望[J]. 制造技术与机床，2020, 696(6): 20-28.

[9] 尹云鹏. 基于传感器信息融合的移动机器人动态避障方法研究[D]. 重庆: 重庆邮电大学，2017.

[10] 李刚，黄席樾，袁荣棣，等. 以人为中心的机器人系统的人机交互技术[J]. 重庆大学学报(自然科学版)，2003，26(5): 59-63.